地域气候适应型绿色公共建筑设计研究丛书　丛书主编　崔愷

适应夏热冬暖气候的
绿色公共建筑设计导则

Design Guidelines for Green Public Buildings in Hot Summer and Warm Winter Zone

倪阳　主编
向科　副主编

华南理工大学建筑设计研究院有限公司
中国建筑设计研究院有限公司
华南理工大学
———
编著

中国建筑工业出版社

U0178105

图书在版编目（CIP）数据

适应夏热冬暖气候的绿色公共建筑设计导则 =
Design Guidelines for Green Public Buildings in
Hot Summer and Warm Winter Zone / 华南理工大学建筑
设计研究院有限公司，中国建筑设计研究院有限公司，华
南理工大学编著；倪阳主编. —北京： 中国建筑工业
出版社，2021.9
　　（地域气候适应型绿色公共建筑设计研究丛书 / 崔
恺主编）
　　ISBN 978-7-112-26470-4

　　Ⅰ.①适… Ⅱ.①华… ②中… ③倪… Ⅲ.①气候影
响—公共建筑—生态建筑—建筑设计—研究 Ⅳ.
①TU242

中国版本图书馆CIP数据核字（2021）第163553号

丛书策划：徐　冉　　　责任编辑：徐　冉　陆新之　　　文字编辑：黄习习
书籍设计：锋尚设计　　　责任校对：芦欣甜

地域气候适应型绿色公共建筑设计研究丛书
丛书主编　崔愷
适应夏热冬暖气候的绿色公共建筑设计导则
Design Guidelines for Green Public Buildings in Hot Summer and Warm Winter Zone
华南理工大学建筑设计研究院有限公司　中国建筑设计研究院有限公司　华南理工大学　编著
倪　阳　主编
向　科　副主编

*
中国建筑工业出版社出版、发行（北京海淀三里河路9号）
各地新华书店、建筑书店经销
北京锋尚制版有限公司制版
北京富诚彩色印刷有限公司印刷
*
开本：889毫米×1194毫米　横1/20　印张：10　字数：190千字
2021年10月第一版　　2021年10月第一次印刷
定价：**99.00**元
ISBN 978-7-112-26470-4
　　　（38010）

丛书编委会

丛书主编
崔　愷

丛书副主编
（排名不分前后，按照课题顺序排序）

徐　斌　孙金颖　张　悦　韩冬青　范征宇　常钟隽

付本臣　刘　鹏　张宏儒　倪　阳

工作委员会
王　颖　郑正献　徐　阳

丛书编写单位
中国建筑设计研究院有限公司

清华大学

东南大学

西安建筑科技大学

中国建筑科学研究院有限公司

哈尔滨工业大学建筑设计研究院

上海市建筑科学研究院有限公司

华南理工大学建筑设计研究院有限公司

《适应夏热冬暖气候的绿色公共建筑设计导则》

华南理工大学建筑设计研究院有限公司

中国建筑设计研究院有限公司　　编著

华南理工大学

主编

倪　阳

副主编

向　科

主要参编人员

胡　炜　朱姝妍　邹煜凯　丁　洁　胡显军　向姝胤

徐　斌　李东哲　孙金颖　贾　佳　贺维桢

丛书总序

2021年4月15日，"江苏·建筑文化大讲堂"第六讲在第十一届江苏省园博园云池梦谷（未来花园）中举办。我站在历经百年开采的巨大矿坑的投料口旁，面对一年多来我和团队精心设计的未来花园，巨大的伞柱在波光下闪闪发亮，坑壁上层层叠叠的绿植花丛中坐着上百名听众，我以"生态·绿色·可续"为主题，讲了我对生态修复、绿色创新和可持续发展的理解和在园博园设计中的实践。听说当晚在网上竟有超过300万的点击率，让我难以置信。我想这不仅仅是大家对园博会的兴趣，更多的是全社会对绿色生活的关注，以及对可持续发展未来的关注吧！

的确，经过了2020年抗疫生活的人们似乎比以往任何时候都更热爱户外，更热爱健康的绿色生活。看看刚刚过去的清明和五一假期各处公园、景区中的人山人海，就足以证明人们对绿色生活的追求。因此城市建筑中的绿色创新不应再是装点地方门面的浮夸口号和完成达标任务的行政责任，而应是实实在在的百姓需求，是建筑转型发展的根本动力。

近几年来，随着习近平总书记对城乡绿色发展的系列指示，国家的建设方针也增加了"绿色"这个关键词，各级政府都在调整各地的发展思路，尊重生态、保护环境、绿色发展已形成了共同的语境。

"十四五"时期，我国生态文明建设进入以绿色转型、减污降碳为重点战略方向，全面实现生态环境质量改善由量变到质变的关键时期。尤其是2021年4月22日在领导人气候峰会上，国家主席习近平发表题为"共同构建人与自然生命共同体"的重要讲话，代表中国向世界作出了力争2030年前实现碳达峰、2060年前实现碳中和的庄严承诺后，如何贯彻实施技术路径图是一场广泛而深刻的经济社会变革，也是一项十分紧迫的任务。能源、电力、工业、交通和城市建设等各领域都在抓紧细解目标，分担责任，制定计划，这成了当下最重要的国家发展战略，时间紧迫，但形势喜人。

面对国家的任务、百姓的需求，建筑师的确应当担负起绿色设计的责任，无论是新建还是改造，不管是城市还是乡村，设计的目标首先应是绿色、低碳、节能的，创新的方法就是以绿色的理念去创造承载新型绿色生活的空间体验，进而形成建筑的地域特色并探寻历史文化得以传承的内在逻辑。

对于忙碌在设计一线的建筑师们来说，要迅速跟上形势，完成这种转变并非易事。大家习惯了听命于建设方的指令，放弃了理性的分析和思考；习惯了形式的跟风，忽略了技术的学习和研究；习惯了被动的达标合规，缺少了主动的创新和探索。同时还有许多人认为做绿色建筑应依赖绿色建筑工程师帮助对标算分，依赖业主对绿色建筑设备设施的投入程度，而没有清楚地认清自己的责任。绿色建筑设计如果不从方案构思阶段开始就不可能达到"真绿"，方案性的铺张浪费用设备和材料是补不回来的。显然，建筑师需要改变，需要学习新的知识，需要重新认识和掌握绿色建筑的设计方法，可这都需要时间，需要额外付出精力。当绿色建筑设计的许多原则还不是"强条"时，压力巨大的建筑师们会放下熟练的套路方法认真研究和学习吗？翻开那一本本绿色生态的理论书籍，阅读那一套套相关的知识教程，相信建筑师的脑子一下就大了，更不用说要把这些知识转换成可以活学活用的创作方法了。从头学起的确很难，绿色发展的紧迫性也容不得他们学好了再干！他们需要的是一种边干边学的路径，是一种陪伴式的培训方法，是一种可以在设计中自助检索、自主学习、自动引导的模式，随时可以了解原理、掌握方法、选取技术、应用工具，随时可以看到有针对性的参考案例。这样一来，即便无法保证设计的最高水平，但至少方向不会错；即便无法确定到底能节约多少、减排多少，但至少方法是对的、效果是"绿"的，至少守住了绿色的底线。毫无疑问，这种边干边学的推动模式需要的就是服务于建筑设计全过程的绿色建筑设计导则。

"十三五"国家重点研发计划项目"地域气候适应型绿色公共建筑设计新方法与示范"（2017YFC0702300）由中国建筑设计研究院有限公司牵头，联合清华大学、东南大学、西安建筑科技大学、中国建筑科学研究院有限公司、哈尔滨工业大学建筑设计研究院、上海市建筑科学研究院有限公司、华南理工大学建筑设计研究院有限公司，以及17个课题参与单位，近220人的研究团队，历时近4年的时间，系统性地对绿色建筑设计的机理、方法、技术和工具进行了梳理和研究，建立了数据库，搭建了协同平台，完成了四个气候区五个示范项目。本套丛书就是在这个系统的框架下，结合不同气候区的示范项目编制而成。其中汇集了部分研究成果。之所以说是部分，是因为各课题的研究与各示范项目是同期协同进行的。示范项目的设计无法等待研究成果全部完成才开始设计，因此我们在研究之初便共同讨论了建筑设计中绿色设计的原理和方法，梳理出适应气候的绿色设计策略，提出了"随遇而生·因时而变"的总体思路，使各个示范项目设计有了明确的方向。这套丛书就是在气候适应机理、设计新方法、设计技术体系研究的基础上，结合绿色设计工具的开发和协同平台的统筹，整合示范项目的总体策略和研究发展过程中的阶段性成果梳理而成。其特点是实用性强，因为是理论与方法研究结合设计实践；原理和方法明晰，因为导则不是知识和信息的堆积，而是导引，具有开放性。希望本项目成果的全面汇集补充和未来绿色建筑研究的持续性，都会让绿色建筑设计理论、方法、技术、工具，以及适应不同气候区的各类指引性技术文件得以完善和拓展。最后，是我们已经搭出的多主体、全专业绿色公共建筑协同技术平台，相信在不久的将来也会编制成为App，让大家在电脑上、手机上，在办公室、家里或工地上都能时时搜索到绿色建筑设计的方法、技术、参数和导则，帮助建筑师作出正确的选择和判断！

当然，您关于本丛书的任何批评和建议对我们都是莫大的支持和鼓励，也是使本项目研究成果得以应用、完善和推广的最大动力。绿色设计人人有责，为营造绿色生态的人居环境，让我们共同努力！

崔愷

2021年5月4日

绿色建筑设计是当前建筑行业最受关注的课题之一。在绿色建筑研究过程中，建筑师的主导作用还需加强，基于建筑形体空间优化的节能潜力还有待深入挖掘。从人与资源环境和谐共生的角度，契合可持续与绿色发展思想，充分发挥建筑师的主观能动性，寻找空间节能增长点，从源头减量，适应当前我国建筑节能的重大需求导向。

"十三五"国家重点研发计划"地域气候适应型绿色公共建筑设计新方法与示范（2017YFC0702300）"基于建筑功能、空间、行为、环境、建筑能耗的关联性研究，结合建筑学本体研究的前沿视野，将建筑设计与气候适应相结合，从建筑师的视角探索应对建成环境的新方法、新策略和新工具，系统搭建了气候适应型绿色建筑设计研究的平台，深入探讨了气候适应型绿色公共建筑的相关问题，极大促进和支撑了建筑师主导的绿色公共建筑的研究与实践。

《适应夏热冬暖气候的绿色公共建筑设计导则》（以下简称"本书"）作为此研发计划之课题"适应夏热冬暖气候的绿色公共建筑设计模式与示范"（2017YFC0702309）的成果之一，聚焦高品质绿色建筑设计推动城乡建设高质量发展的研究价值与现实需求，切实推动绿色建筑设计新理念，从建筑设计中的地域气候认知入手，分析气候适应型绿色公共建筑设计的内涵及其面临的突出问题，在设计阶段高效融入绿色策略，为建筑植入先天绿色基因，以期使绿色创新理念、节能减排技术有效落实在建筑设计的全过程，从根本上实现绿色建筑高品质发展。

　　本书从建筑设计的视角对夏热冬暖地区公共建筑设计架构、气候特点、场地设计、建筑设计和技术协同等方面进行了探索与研究，将夏热冬暖地区气候适应机理和建筑设计新方法、技术体系、分析工具和协同平台等付诸实践，结合示范项目，形成了适应夏热冬暖气候的多维度协同的设计导则。本书着眼于引导建筑师以绿色设计的理念和方法开展设计工作，以气候适应性为核心，针对本气候区绿色公共建筑遮阳隔热、通风散热、环境降温、防雨防潮防台风等关键问题，从场地、布局、功能、空间、形体、界面、技术协同等方面，构建了适应夏热冬暖气候的绿色公共建筑设计模式。

　　本书包含目的、设计控制、设计要点、关键措施与指标、相关规范与研究、典型案例等部分，形成了多层次、多维度合理化提升绿色建筑设计的系统性指引，每个步骤、每个环节都讲明道理，指明路径，给出方向，期望能有效推动本气候区绿色建筑的科学化进程，促进绿色建筑本土化的实践应用，对建筑设计理念和方法的转变与提升、引领行业的转型升级和城乡建设的可持续发展具有一定的积极作用。

　　希望以此系列研究和实践为基础，能帮助建筑师理解和逐渐掌握绿色公共建筑气候型设计的相关要点，同时激发建筑师在绿色建筑研究方面的能力和热情，能更多掌握自然规律，创造人与环境和谐、舒适宜居的空间。

　　本书的编著得到了重点研发计划项目组、课题组成员单位、华南理工大学国际校区示范项目设计团队及华南理工大学建筑设计研究院有限公司相关设计团队的指导、支持和帮助，同时也汲取了业界专家、学者、建筑师和技术人员的经验和成果，在此一并表示衷心感谢。

　　本书的不足之处也欢迎广大读者给予批评指正。

目录

整体架构与导读

F1　气候适应性设计立场 002

F2　气候适应性设计原则 008

F3　气候适应性设计机理 009

F4　气候适应性设计方法 012

F5　气候适应性设计技术 016

F6　设计导则的使用方法 018

气候

C1　气候要素 022

C2　气候层级 027

C3　应对气候的分析方法 029

场地设计

P1　场地（场地生态保持与重塑）...................................... 034

P2　布局（总体绿色布局与组织）...................................... 052

建筑设计

B1　功能（性能分类与拓展）.. 084

B2　空间（空间与资源交互）.. 091

B3　形体（气候赋形）.. 111

B4　界面（气候性能界面）.. 128

技术协同

T1　技术选择.. 142

T2　施工调试.. 164

T3　运维测试与后评价.. 171

参考文献.. 180

F整体架构与导读
Framework

　　"经过三十年来的快速城市化，中国先后出现了环境污染和能源问题，成为今后经济发展的瓶颈。毫无疑问，当今节能环保绝不再是泛泛的口号，已成为国家的战略和行业的准则。一批批新型节能技术和装备不断创新，一个个行业标准不断推出，兴盛的节能技术和材料产业快速发展，绿色节能示范工程正在不断涌现，可以说从理念到技术再到标准，基本上我国与国际处于同步的发展状况。

　　但这其中也出现了一些问题和偏差，值得警惕。不少人一谈节能就热衷于新技术、新设备、新材料的堆砌和炫耀，而对实际的效果和检测不感兴趣；不少人乐于把节能看作是拉动经济产业发展的机会，而对这种生产所谓节能材料所耗费的能源以及对环境的负面影响不管不顾；不少人满足于对标、达标，机械地照搬条文规定，面对现实条件和问题缺少更务实、更有针对性的应对态度；更有不少人一边拆旧建筑，追求大而无当、装修奢华的时髦建筑，一边套用一点节能技术充充门面。另外，有人对一些频频获奖的绿色示范建筑作后期的检测和评价，据说结论并不乐观，有些比一般建筑的能耗还要高出几倍，节能建筑变成了耗能大户，十分可笑，可悲！"

　　"融入环境是一种主动的态度。面对被动的制约条件，在有形和无形的限制中建立友善的关系并获得生存的空间，达到与环境共生的目的，这是城市有机更新过程中的常态。

　　顺势而为是一种博弈的东方智慧。在与外力的互动中调形、布阵、拓展、聚气，呈现外收内强、有力感、有动势的独特姿态。

　　营造空间是一种对效率和品质的追求。在苛刻的条件下集约功能，放开界面，连通层级，灵活使用，简做精工，创造有活力的新型交互场所。

　　绿色建筑是一种系统性节俭和健康环境的理念和行动，它始于节地、节能、节水、节材、环保的设计路线，终于舒适、卫生、愉悦、健康的新型创新生态环境的建构和运维，追求长效的可持续发展的目标。"[①]

---

① 崔愷. 中国建筑设计研究院有限公司创新科研楼设计展序言［Z］. 北京：中国建筑设计研究院有限公司，2018.

F1   气候适应性设计立场

F2   气候适应性设计原则

F3   气候适应性设计机理

F4   气候适应性设计方法

F5   气候适应性设计技术

F6   设计导则的使用方法

[概述]

在生态文明建设大发展的背景下，设计绿色、低碳、循环、可持续的建筑，是当代建筑师的责任和使命。

建筑外部空间的场地微气候环境与区域或地段局地微气候乃至自然环境的地区性气候，是空间开放连续的气候系统，具有直接物质与能量交换的相对平衡。建筑内部空间的室内微气候环境，由建筑外围护结构为主的气候界面与外部实现明确区分，通过建筑主动或被动体系的调节，实现了建筑室内空间的相对封闭独立的气候系统塑造以及内部空间与外部环境的有机互动。因此，应依据所在气候区与相应气候条件的不同，按照对自然环境要素趋利避害的基本原则，选择合适的设计策略。无论室外微气候还是室内人工气候，均应根据其适应自然环境所需的程度不同，选择利用、过渡、调节或规避等差异化策略，实现最小能耗下的最佳建成环境质量。在建筑本体的布局、功能、空间、形体与界面等层面，寻求适应与应对室外不利气候的最大化调节，再辅助以机电设备的调节，从而实现节能、减排与可持续发展。

建筑本体设计在与地域气候要素的互动中，也将使得城市、建筑找回地域化的特色，进一步拓展建筑创作的领域与空间。

本书探讨的气候适应型建筑设计新方法，是走向绿色建筑、实现低碳节能的重要途径。20世纪初的现代主义建筑运动强调"形式追随功能"，伴随着同时期的工业革命，空调和电灯等众多工业产品的发明，使人们摆脱了地域气候的束缚，形成了放之四海而皆准的"国际式"，也渐渐使建筑设计脱离了所在的地域文化，"千城一面"的现象由此形成。同时，对机电设备及技术的过度依赖，甚至崇拜，导致大量建筑能耗惊人。全社会的工业化使得地球圈范围内发生了气候与能源危机。

相较于"形式追随功能"的现代主义思想，基于气候问题愈演愈烈的今天，在当下生态文明时代的建筑设计工作中，我们强调"形式适应气候"，并主张以此为重要出发点的理性主义的建筑设计态度。

建筑师先导

建筑设计的全过程中，建筑师具有跨越专业领域的整体视角，能够充分平衡设计输入条件与建筑成果需求之间的关系。建筑师在面对复杂的气候条件与各异的功能需求时，应综合权衡，形成最佳的整体技术体系。应注重建筑系统的自我调节，充分结合气候条件、建筑特点、用能习惯等特征，达到降低能耗、提高能效的目的。

建筑师的职责决定了其在气候适应型绿色公共建筑设计中的核心作用。建筑设计灵感源自对基地现场特有环境的呼应，以及主客观要素的掌握。建筑师应具备将其对场域的感受转化成形态的能力。

建筑师应有从建筑的可行性研究开始到建设运维，全程参与并确保设计创意有效落地及绿色设计目标实现的协调把控力。

在建筑设计引领绿色节能设计工作中，建筑师占据主导性地位，结构、机电等其他专业在建筑设计工作中起协同性的作用。建筑师首先要树立引导意识，充分发挥建筑专业的特点，在建筑设计全过程中，发挥整体统筹的重要作用。绿色建筑设计的工作重心应该由以往重结果、轻过程，重技术、轻设计的末端控制转为全过程控制，从场地即开始绿色设计，而不是方案确定后，由扩初阶段才开始进行对标式绿色建筑设计。

建筑师视角的绿色公共建筑设计，是将建筑视为环境中的开放系统，而非割裂的独立单元。本书所探讨的气候适应型建筑设计新方法，主张以建筑本体设计为主导的设计方法来推进绿色公共建筑的设计，挖掘建筑本体所应有的环境调控作用，探讨场地、布局对周边环境及内部使用者的影响，研究功能、空间、形体、界面与环境要素之间的转换路径。建筑师应从多个维度综合思考，从选址、土地使用、规划布局等规划层面，到功能组织、空间设计、形体设计、材料使用、围护结构等建筑层面的环节，同时考虑其他相关专业的气候适应性协同要点。鼓励重新定位专业角色，倡导建筑师在性能模拟与建筑设计协同工作中发挥核心能动作用，并在设计全流程中贯穿气候适应性设计理念，引导多主体、全专业参与协作，共同成为绿色建筑设计的社会和经济价值的创造者，逐步推进绿色建筑设计理念的落地。

本体设计优先，设备辅助协同

以建筑本体设计特点实现气候适应性设计，是实现绿色建筑设计的重要途径。绿色建筑设计主张以空间形态为核心，结构、构造、材料和设备相互集成。建筑形态是建筑物内外呈现出的几何状态，是建筑内部结构与外部轮廓的有机融合。建筑形态在气候适应性方面具有重要作用，是建筑空间和物质要素的组织化结构，从基本格局上建立了空间环境与自然气候的性能调节关系。被动式设计策略则进一步增强了这种调节效果。在必要的情况下，主动式技术措施用于弥补、加强被动手段的不足。然而，公共建筑设计中建筑本体的绿色策略往往被忽视，转而更多依赖主动式设备调节。过度着眼于设备技术的能效追逐，掩盖了建筑整体高能耗的事实，这正是导致建筑能耗大幅攀升的重要缘由。不同气候区划意味着不同的适应性内涵与模式。不同气候区不同的空间场所及其组合形态形成了自然气候与建筑室内外空间的连续、过渡和阻隔，由此构成了气候环境与建筑空间环境的基本关系。在这种关系的建构中，以空间组织为核心的整体形态设计和被动式气候调节手段必须被重新确立，并得到优化和发展。

要实现真正健康且适宜的低能耗建筑设计，还是要回到建筑设计本体，通过建筑空间形态设计，在不增加能耗成本的情况下，合理布局不同能耗的功能空间，为整体降低建筑能耗提供良好的基础。在这种情况下，主动式设备仅用于必要的区域，实现室内环境对于机械设备调节依赖性的最小化。根据建筑所处的气候条件，针对主要功能空间的使用

Framework

特点，在建筑设计中利用低性能和普通性能空间的组织，来为主要功能空间创造更好的环境条件。建筑空间形态不仅是视觉美学的问题，更是会影响建筑性能的大问题，好的空间形态首先应该是绿色的。

以"形式适应气候"为特征的公共建筑的气候适应性设计谋求通过建筑师的设计操作，创造出能够适应不同气候条件，建立"人、建筑、气候"三者之间良性互动关系的开放系统，通过对建筑本体的整体驾驭实现对自然气候的充分利用、有效干预、趋利避害的目标。气候适应性设计是适应性思想观念下策略、方法与过程的统一；是建筑师统筹下，优先和前置于设备节能措施之前的、始于设计上游的创造性行为；是"气候分析—综合设计—评价反馈"往复互动的连续进程；是从总体到局部，并包含多专业协同的集成化系统设计。气候适应型绿色公共建筑设计并不追逐某种特殊的建筑风格，但也将影响建筑形式美的认知，其在客观结果上会体现不同气候区域之间、不同场地微气候环境下的形态差异，也呈现出不同公共建筑类型因其功能和使用人群的不同而具有的形式多样性。气候适应性设计对于推进绿色公共建筑整体目标的达成具有关键的基础性意义。

整体生态环境观

整体，或称系统。建筑系统与自然环境系统密不可分。应以整体和全面的角度把握生态环境问题。绿色公共建筑设计倡导建筑师要建立整体的生态环境观，动态考量建筑系统里宏观、中观、微观各层级要素之间的关系，以及层级与外界环境要素之间的相互作用。这一过程包括从生态学理论中寻找决策依据，借鉴生态系统的概念理解系统中的能量流动与转化过程，分析自然环境对建筑设计的约束条件，以及反向预测建筑系统对自然生态系统稳定性、多样性的影响。

绿色建筑对生态环境的视角需要持续、立体、系统。各个组成子系统之间既高度分化，又高度综合。

气候适应性设计遵循系统规律，整体的组织结构应优先于局部要素，与气候在微观尺度上的层级特征以及人的气候感知进程相呼应。

整体优先原则的首要内涵就在于建筑总体的形态布局首先要置于更大环境的视角下加以考量。从气候适应性角度看，建筑工程项目的选址要充分权衡其与地方生态基质、生物气候特点、城市风廊的整体关系，秉持生态保护、环境和谐的基本宗旨。建筑总体形态布局中的开发强度、密度配置、高度组合等需要适应建成环境干预下的局地微气候，并有利于城市气候下垫面形态的整体优化，从而维系整体建成环境和区段微气候的良性发展，尽量避免城市热岛效应加剧、局域风环境和热环境恶化等弊端。

整体优先原则的另一个内涵是利弊权衡、确保重点、兼顾一般。一方面要充分重视总体形态布局对场地微气候的适应和调节能力，另一方面又要看到这种适应和调节能力的局限性。场地微气候是一种在空间和时间上都会动态变化的自然现象，在建筑总体形态布局过程中，不可能也没有必要追求场地上每一个空间点位的微气候都达到最优，而是应根据场地空间的不同功能属性区别权衡。由于场地公共空间承载了较高的使用频率，人员时常聚集，因此在进行总体设计和分析评估场地微气候时，需优先保障重要公共活动空间的微气候性能。例如，中小学校园和幼儿园设计中的室外活动场地承载了多种室外活动功能，包括学生课间休息和活动、早操、升旗仪式等，这类室外场地的气候性能就显得尤为重要。

从另一角度分析，公共建筑空间形态的组织不仅是对功能和行为的一种组织布局，也是对内部空间各区域气候性能及其实现方式所进行的全局性安排，是对不同空间效能状态及等级的前置性预设。因此，在驾驭功能关系的同时，要根据其与室外气候要素联系的程度和方式展开布局，其基本的原则在于空间气候性能的整体优先和综合效能的整体控制。

向传统和自然学习

2018年5月，习近平总书记出席全国生态环境保护大会，发表重要讲话，强调，"中华民族向来尊重自然、热爱自然。"

中国的民间传统是强调节俭的，我们通常把中国传统文化挂在嘴上，但其实并没有真正用心去做，有很多地方需要回归，恢复中国自己的传统价值观，以面向未来的可持续设计去传承我们的传统文化。面向未来的绿色建筑创新，是向中国传统文化的回归。

建筑向自然学习，尊重自然规律。建筑更应融于自然，要遵循自然规律，与自然相和。传统建筑和人们的传统生活方式中，存在大量针对气候应变的情况。这些是先人们在千百年与自然气候相互对话中积累下来的宝贵的知识财富。

向传统学习借鉴，使用当地材料和建筑技术，继承和发扬传统经验。向自然学习，因地制宜，最大限度地尊重自然传递的设计信息，利用地域有利因素和资源，顺应自然、趋利避害。

气候适应型绿色公共建筑设计中，建筑师应以传统和自然经验为指导，以形态空间为核心，以环境融合为目标，以技术支撑为辅助，践行地域化创作策略。

在绿色建筑设计中，建筑师应遵守以下操作要点：

（1）选址用地要环保——保山、保水、保树、保景观；

（2）创造积极的不用能空间——开放、遮雨遮阳、适宜开展活动、适宜经常性使用；

（3）减少辐射热——遮阳、布置绿植、辐射控制、屋顶通风；

（4）延长不用能的过渡期——通风、拔风、导风、滤风；

（5）减少人工照明——自然采光、分区用光、适宜标准、功能照明与艺术照明相结合；

（6）节约材料——讲求结构美、自然美、设施美，大幅度减少装修，室内外界面功能化，使用地方性材料，可循环利用。

对使用者、环境、经济、文化负责

宜居环境是建筑设计的根本任务。塑造高品质建筑内外部空间与环境，为人民提供舒适、健康、满意的生产生活载体。

随着空调建筑的到来，建筑可以在其内部营造一个与外界隔离且封闭的气候空间，以满足使用者舒适性的需求，带来全球化、国际化的空间品质。然而，这些都是以巨大的能源资源消耗、人与自然的割裂为代价的。在环境问题凸显的今天，在生物圈日渐脆弱的当下，这种建筑方式必须改变。

气候适应型建筑设计强调理性的设计态度，通过理性的设计，找到建筑真正的、长久的价值。同时，设计的理性将引导使用理性，促使设计者与使用者达成共识。

气候适应性价值观引导建筑走向与地域气候的适应与和解。气候适应型建筑设计对建设领域碳排放具有重大的意义，将为我国的碳中和与碳达峰计划的实现带来积极和重要的促进意义。

绿色建筑美学

坚持气候适应性设计，坚持形式追随气候，将使气候适应型建筑获得空间之美、理性之美、地域之美、和谐之美。

坚持气候适应性设计，坚持形式追随气候，是一种以理性的建筑创作手段拓展创作空间的方法，将促使建筑乃至城市形成地域化风格，以理性的态度破解当今千城一面的城市状态。

坚持气候适应性设计，坚持形式追随气候，是建筑设计与自然对话的一种方式。天人合一，与自然的和谐共生，是东方文明的底色，是独具特色的中华文明审美。建筑是环境的有机组成部分，因地制宜是我们古人所提倡的环境观。敬畏自然，融入环境，提倡自然、质朴、有机的美学是创作的方向。

绿色建筑美学是生态美在建筑上的物化存在。随着生态理念的深入人心，绿色建筑技术对传统建筑美学正在产生有力的影响。随着计算机和参数化设计技术的发展，更精细准确的性能模拟和优化逐渐成为可能。在数字技术的加持下，未来的绿色建筑设计必将产生大的变革，新的绿色建筑形态将极大地拓宽和改变建筑学的图景。建筑应积极迎接绿色发展的时代要求，创新绿色建筑新美学。

建筑美的发展将有下面几个重要的趋势：

（1）本土化——从气候到文脉、到行为、到材料的在地性；

（2）开放化——从开窗到开放空间，到开放屋顶，到开放地下；

（3）轻量化——从轻体量到轻结构，到轻装饰、轻材质；

（4）绿色化——从环境绿到空间绿，到建筑绿；

（5）集约化——少占地，减造价，方便用，易运维；

（6）长寿化——从空间到结构，到材质，到构造的长寿性；

（7）产能化——从用能到节能，到产能，到产用平衡；

（8）可视化——从形态到细部，到构造，到技术的可视、可赏；

（9）再生化——化腐朽为神奇，激活既有建筑资源的价值。

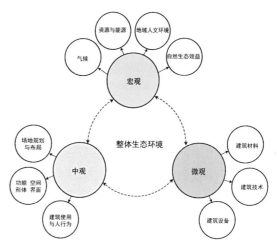

整体生态环境建筑设计相关要素示意

007

[概述]

以树立建设节约型社会为核心价值观，以节俭为设计策略，以常识为设计基点，以适宜技术为设计手段去创作环境友好型的人居环境。

少扩张、多省地

节省土地资源是最长久的节能环保。

城市迅速扩张中，有很多土地资源的浪费。职住距离太远，造成交通能耗很高，不仅通勤时间延长，大量的货物运输、市政管线都造成了更多的能源消耗。做紧凑型的城市、呈紧凑型发展是最重要的。

少人工、多自然

适宜技术的应用是最应推广的节能环保。

外在，形态上让建筑从大地中长出来；内在，技术上是建构自明的建造；心在，态度上是自信的建造、设计上是用心的建造、实施中是在场的建造；自在，是自然的状态、淡定的状态。

少装饰、多生态

引导健康生活方式是最人性化的节能环保。

人的生活方式不"绿"，不仅导致了建筑的高能耗，也带来人体的不健康。设计上可以考虑创造自然的空间，对人的行为模式进行引导，向健康的方向发展。

少拆除、多利用

延长建筑的使用寿命是最大的节能环保。

旧建筑利用不是仅仅保护那些文物建筑，应最大限度地减少建筑垃圾的排放，并为此大幅提高排放成本，鼓励循环利用，同时降低旧建筑结构升级加固的成本，让旧建筑的利用在经济上有利可图。

[概述]

建筑师主导的气候适应性设计需要通过合理的场地布局，及功能、空间、形体界面的优化调整，改善室内外建成环境，使其符合使用者的人体舒适性要求。绿色公共建筑的气候适应性机理，基于建筑与资源要素、气候要素、行为要素之间的交互过程，通过各种设计方法、技术与措施，调节过热、过冷、过渡季气候的建筑环境，使其更多地处于舒适区范围内，从而扩展过渡季舒适区时间范围，缩短过冷过热的非过渡季非舒适区的时间范围，在更低的综合能耗下满足建筑舒适性要求的气候调节与适应的过程。

资源要素

气候适应性设计涉及的资源要素主要包括土地、能源和资源等。其中能源主要为可再生能源，包括太阳能、风能、地热能等。材料资源包括地域材料、高性能材料、可循环利用材料等。气候适应性设计与土地、能源、材料发生交互，包括节约土地、减少土地承受的压力，减少常规能源使用与利用可再生能源，以及利用地域性材料、高性能材料、可循环材料，提高经济性、降低建筑能耗和减轻环境污染。

气候要素

不同地域的气候特征及变化规律通常用当地的气候要素来分析与描述。气候要素不仅是人类生存和生产活动的重要环境条件，也是人类物质生产不可缺少的自然资源[①]。生活中人体对外界各气候要素的感受存在一定的舒适范围，而不同季节、不同气候区自然气候的变化曲线不同，其与舒适区的位置关系不同，相应的建筑与气候的适应机理也不同。如图所示：

（1）对过热气候的调节适应（蓝色箭头）：通过开敞散热、遮阳隔热，将过热气候曲线往舒适区范围内"下拽"，以达到缩短过热非过渡季，同时降低最热气候值以减少空调能耗的目标。

（2）对过冷气候的调节适应（橙色箭头）：通过紧凑体形保温、增加得热，将过冷气候曲线往舒适区范围内"上拉"，以达到缩短过冷非过渡季，同时提高最冷气候值以减少供暖能耗（或空调能耗）的目标。

（3）对过渡季气候的调节适应（绿色箭头）：春秋过渡季气候处于人体舒适区范围内，通过建筑的冷热调节延长过渡季，并在其间通过引导自然通风等加强与外界气候的互动。

---

① 顾钧禧. 大气科学辞典 [M]. 北京：气象出版社，1994.

（4）扩展舒适区范围（粉色箭头）：根据人的停留时长、人在空间中的行为等标准，将建筑内的不同空间进行区分。走廊、门厅、楼梯等短停留空间的气候舒适范围较办公室、教室等功能房更大，可在一定程度上进行扩展。

刘加平院士指出，"建筑的产生，原本就是人类为了抵御自然气候的严酷而改善生存条件的'遮蔽所'（shelter），使其间的微气候适合人类的生存"[1]。对建筑内微气候造成影响的主要外界气候要素主要包括温湿度、日照、风三项，不同气候条件下，绿色建筑气候适应设计机理对应的主控气候要素各有侧重。

（1）温湿度以传导的方式与建筑进行能量交换。过热与过冷季节须控制建筑的室内外温湿度传导，以节约过热季的空调能耗、过冷季的采暖能耗。可通过增加场地复合绿化率、控制建筑表面接触系数、增加缓冲空间面积比、调整窗墙面积比等方法调控温湿度对建筑的影响。

（2）风以对流的方式与建筑进行能量交换。过热季可利用通风提升环境舒适性，过冷季须减少通风导致的能耗损失，过渡季须增加室内外通风对流，以促进污染物扩散、提高人体舒适度、增进人与环境的融入感。可通过控制场地密集度、调整空间透风度、调整外窗可开启面积比等方法调控风对建筑的影响。

行为要素

人基于不同行为对不同空间的采光、温度、通风有差异化的需求，对室内外及缓冲空间的接受度也因行为而异。同时，室内人员对建筑室内设备的调节和控制，例如开窗行为、空调行为、开灯行为，也会对建筑能耗产生重要影响。人的行为在建筑能耗中是一个不可忽视的敏感因素，也是造成建筑能耗不确定性的关键因素。

人的行为活动和需求决定了建筑的功能设置和空间形态，但同时建筑体验对人亦有反作用。合理的建筑空间与环境设计可以引导人的心理和行为，充分挖掘建筑空间的潜力，以达到绿色节能的目的。因此，建筑师在气候适应性设计中需要充分了解建筑中人员行为的内在机制，考虑对绿色行为的引导和塑造，重视建筑所具有的支持使用者的社会生活模式及行为的调节作用，以实现行为节能，减少不必要的能源浪费。包括以下两个方面：

（1）借助定量化分析和模拟技术，对人员行为规律、用能习惯等现象进行模拟，评估人的行为对建筑性能的影响，以支撑实际工程应用。

（2）注重缓冲空间对功能布局和人的行为的引导作用，可综合利用多种被动式设计策略、结合主动式设备的优化和运行调节等方法，既实现改善环境、降低公共建筑建筑能耗的目的，又可有效遮挡太阳辐射及控制室内温度等，为使用者提供舒适的休闲场所。

① 刘加平，谭良斌，何泉. 建筑创作中的节能设计 [M]. 北京：中国建筑工业出版社，2009.

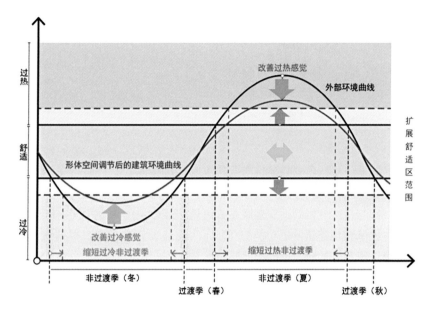

绿色公共建筑的形体空间气候适应性机理示意
来源："十三五"国家重点研发计划"地域气候适应型绿色公共建筑设计新方法与示范"项目（项目编号：2017YFC0702300）课题1研究成果《绿色公共建筑的气候适应机理研究》

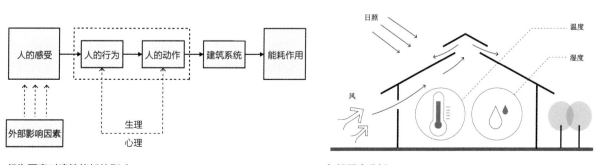

行为要素对建筑能耗的影响

气候要素分析

[概述]

气候适应型绿色公共建筑需要建筑能够适应气候在地域空间和时间进程中的动态变化，保持建筑场所空间与自然气候的适宜性联系或可调节能力，从而在保障实现建筑使用功能的同时，实现健康、节约和环境友好的建筑性能与品质。

气候适应型绿色公共建筑设计方法是由建筑师统筹、优先于设备节能等主动措施之前的始于设计上游的创造性行为，是"气候分析—综合设计—评价反馈"往复互动的连续进程。这种方法从"自然—人—建筑"的系统思维出发，从气候与建筑的相互影响机制入手，旨在谋求通过建筑师的设计操作，按照"建筑群与场地环境—建筑单体的空间组织—空间单元—围护结构和室内分隔"的建筑空间形态基本层级，开展建筑设计及分析工作，建立人、建筑、气候三者之间的良性互动关系，形成一个开放的设计系统。其核心内涵在于通过对建筑形态的整体驾驭，实现对自然气候的充分利用、有效干预、趋利避害的目标。气候适应性设计方法对于推进绿色公共建筑整体目标的达成具有关键的基础性意义。

气候分析

自然气候中的不同要素有其不同的存在和运动方式，并受地理、地表形态和人类活动的干预而相互作用。气候是建筑设计的前提，又被设计的结果所影响。在气候与建筑的相互作用中，建筑师应该发挥因势利导的核心能动作用，需要对气候的尺度、差异性和相对性有所认知，在面对场地时，首先进行气候学分析，并以此作为建筑设计的气候边界条件。

（1）气候的尺度

根据气候现象的空间范围、成因、调节因素等，可将气候按不同的尺度划分为宏观气候、中观气候和微观气候。宏观气候尺度空间覆盖范围一般不小于500km，大则可达数千公里往往受强大的气候调节能力因素的影响，如洋流、降水等；中观气候尺度空间覆盖范围大约从10km到500km不等，调节因素包括地形、海拔高度、城市开发建设强度等；微观气候尺度范围从10m到10km不等，可以进一步细分为场地微气候、建筑微气候、建筑局部微气候等，调节因素包括坡度、坡向、水体、植被等地形地貌要素和建筑物等人工要素。场地的微气候是绿色公共建筑设计时不能忽视的重要因素，建筑师需正确评估和把握场地微气候的特征和规律，在实际设计过程中协调场地微气候与建筑形态布局、功能需求之间的矛盾。

（2）气候的差异性和相对性

气候的差异性：即气候的动态变化，反映在空间与时间两个维度。在空间维度上以建筑气候区划为基本框架，"地域—城镇—地段—街区（建筑群）—建筑"，构成了地域大气候向场地微气候逐渐过渡的层级；在时间维度上随季节和昼夜的周期性转变，以及在不同地域的时长差异，从而表现出复杂多样的具体气候形态。在不同的外部自然气候条件和物理环境需求下，诸如向阳与纳凉、采光与遮阳，保温与散热、通风与防风等方面往往使设计面临矛盾与冲突。因此，气候调节的不同取向要求建筑设计必须根据其具体的状况抓住主要矛盾，作出权重适宜的设计决策。

气候的相对性是指气候的物理属性是一种客观存在，但不同人群对气候的感知因时间、因地理、因年龄等因素而存在不同程度的差异。建筑空间的气候舒适性区间指标需充分考虑因人而异的相对性，避免绝对化设置，针对地域环境条件、建筑功能类型、特定服务对象以及具体使用需求等做出合理化设计。

场地布局

建筑与地域气候的适应性机制首先体现在其场地及周边环境的层面。这种机制取决于地形地貌、场地及周边既有建筑、拟建建筑与地区气候和地段微气候之间的相互联系与作用。公共建筑在该层级的设计应以建筑（群）对所处地段及场地微气候的适应与优化为基本原则和目标。气候适应性设计需要通过利用、引导、调节、规避等设计策略，对

风、光、热、湿等气候要素进行有意识的引导或排斥、增强或弱化，从而避免负面微气候的产生，进而实现气候区划背景下的微气候优化。基于上述原则，设计可以从建筑选址、建筑体量布局、地形利用与地貌重塑、交通空间组织等方面，搭建场地总体布局形态的气候适应性设计架构。

功能、空间、形态与界面

建筑的气候调节机制在于其物质空间形态所奠定的基础。建筑形态从基本格局上建立了空间环境与自然气候的性能调节关系。绿色公共建筑设计方法的核心就在于通过基本的形态设计进行气候调节，实现建筑空间环境的舒适性和低能耗双重目标。

对于公共建筑而言，其空间、形体、界面的设计不仅是对功能和行为的一种组织布局，也是对内部不同空间能耗状态及等级的前置性预测。因此，在驾驭功能关系的同时，要根据其与室外气候要素联系的程度和方式展开布局。针对使用空间因其功能、界面形式而产生的气候性能要素及其指标要求的严格程度，可将公共建筑空间分为普通性能空间、低性能空间和高性能空间。在综合考虑公共建筑功能差异、空间构成、形态组织与界面关系的基础上，基于整体气候性能的空间形态组织应充分遵循整体优先、利用优先、有效控制和差异处置的基本原则，其具体设计方法体现为以下几个方面。

（1）根据空间性能设置气候优先度：普通性能

建筑空间气候性能的等级分类

	低性能空间	普通性能空间	高性能空间
能耗预期	低	取决于设计	高
空间类型	设备空间、杂物储存等	办公室、教室、报告厅、会议室、商店等	观演厅，竞技比赛场馆，恒温恒湿、洁净空间等

来源：韩冬青，顾震弘，吴国栋. 以空间形态为核心的公共建筑气候适应性设计方法研究[J]. 建筑学报，2019（04）：78-84.

空间应布置在利于气候适应性设计的部位，对自然通风和自然采光要求较高的空间常置于建筑的外围，对性能要求较低的空间则时常置于朝向或部位不佳的位置。

（2）充分拓展融入自然的低能耗空间潜力：融入型空间可以承载许多行为活动而无需耗能，过渡型空间可以作为室内外气候交换和过渡的有效媒介，排斥型空间通常以封闭形态而占据建筑的内部纵深。

（3）优先利用自然采光与通风：建筑内部空间形态的确立应根据空间与自然采光的关系和建筑内部风廊的整体轨迹进行综合驾驭。

（4）根据功能特征对气候要素进行差异性选择：通过空间的区位组织，为风、光、热等各要素的针对性利用和控制建立基础，在综合分析其影响下形成各类型空间的整体配置与组织。

（5）建筑外围护结构和室内分隔是空间营造的物质手段：外围护界面是建筑内外之间气候调节的关键装置，室内分隔界面则是内部空间性能优化的重要介质。

技术协同

基于技术协同的气候适应型公共建筑设计方法即物化建筑综合绿色性能的设计逻辑，以气候认知和项目策划为起点，从感性的认知型设计转为通过对空间形态和环境舒适性分析的综合性技术设计，从经验导向型设计转为证据导向型设计。这种设计过程需要与性能分析建立反馈互动，促进结构和设备等多专业的协同配合，并延伸至施工、运维、评估等相关环节；需要建立全过程系统性的综合组织机制。具体要点如下：

（1）建立服务于建筑项目设计团队的多专业协作的集成化组织结构，需遵循项目目标性、专业分工与协作统一、精简高效等基本原则。分工明确、责权清晰、流程顺畅且能协作配合，为项目设计管理的运作提供有力支撑和保障。

（2）技术协同要在多个关键节点（前期概念策划、方案设计、深化设计、经验提取与设计反馈）中均体现建筑师的核心作用，需能针对绿色建筑的关键问题，从始至终统领或协调各专业设计全过程。

（3）建筑、结构、设备等各专业的团队协作与配合对推动气候适应型绿色公共建筑的设计优化具有重要影响。

在绿色建筑前期概念策划阶段，建筑师制定气候适应型绿色公共建筑设计的概念策划，明确绿色建筑的设计方向与目标，从气候特征与设计问题出发，开展气候适应性机理与公共建筑特征的关联机制分析；结构工程师在掌握项目所在地的地质和水文条件的基础上，依据建筑设计方案确定结构方案和地基基础方案，并开展结构方案比选、结构选型及布置等工作；设备工程师与建筑师协同开展工作，收集前期气候、地形、规划、市政条件等设计资料，并确保综合绿色性能的有效实施。

在绿色建筑方案设计和深化设计阶段，鼓励结构、设备等团队成员从各专业角度、项目目标和设计任务书要求出发，结合建筑师对设计提出的一系列前置性要求，开展专业设计工作。在全过程中，需要结合相关专业性能计算与分析，从群体布局设计、功能组织、建筑空间形态、空间模块设计、围护结构与细部四个层面，不断验证和反馈绿色设计技术可行性，推动设计优化过程。

[概述]

我国严寒、寒冷、夏热冬冷及夏热冬暖等不同气候区条件差异显著，而在大量公共建筑的绿色设计工程实践中，需要综合考虑所在气候条件，需充分考虑公共建筑的大体量、大进深、功能复杂、空间形式多样、空间融通度高等典型设计特点和相应设计需求。故服务于场地规划、建筑布局、功能组织、形体生成、空间优化、界面设计等各类实现建筑绿色性能优化的系统化体系的建构是一个重要且紧迫的任务。因建筑师对各种新型设计技术的了解与运用能力参差不齐，我国大量绿色建筑设计实践依然沿袭传统设计技术与习惯，导致各类现有先进的设计技术对绿色公共建筑设计的指导水平有较大欠缺，大大降低了新型绿色建筑设计技术在我国的应用程度与水平，亦造成公共建筑的综合绿色性能不佳与能耗浪费。

因此，我们需要总结已有绿色公共建筑的经验与教训，研究和借鉴国际先进的绿色建筑技术体系与设计经验，匹配新型绿色公共建筑创作设计的流程需要，提出适用于我国不同典型气候区的新型体系化的绿色公共建筑气候适应型设计技术。新型绿色公共建筑气候适应型设计技术主要包括"场地布局""功能空间形体界面""技术协同"三方面的内容。

新型绿色公共建筑气候适应型设计技术体系可充分利用数据搜索匹配、性能模拟、即时可视、智能化算法、影响评估等各项先进的技术手段，为设计前期的场地气候、资源、环境水平等设计条件提供分析，以及在方案形成过程中的场地、布局、功能、空间、形体、围护结构等各阶段进行高效快速的设计推演，并对可再生能源利用模式、环境调控空间组织与末端选型等设备适配方案涉及的多专业技术协同等内容提供体系化的技术支撑与指引。

场地布局

"场地布局"包括"场地气候资源条件分析"设计技术，以及同阶段"场地布局设计与资源利用推演设计"设计技术内容。具体体现为以下几点。

（1）公共建筑与地域气候的适应性机制首先体现在场地及周边环境的层面，这种机制取决于地形地貌、场地及周边既有建筑、拟建建筑与地区气候和地段微气候之间的相互联系与作用。

（2）场地气候资源条件分析：在场地选择和设计上，针对建筑所处的场地环境，通过对场地进行场地气候条件分析、资源可利用条件分析、场地现状环境物理条件分析，充分了解建筑所在场地具体设计气候特征与资源可得状况依据的相关设计技术。

（3）场地布局设计与资源利用推演：在建筑规划布局阶段，基于场地设计条件，充分利用场地现有气候条件与资源可利用条件，借助性能模拟分析等手段推演优化，以室外微气候、建筑节能与室内环境性能优化等综合绿色性能为目标，调整以完成场地的规划设计与建筑布局的相关设计技术。

功能、空间、形体与界面

"功能、空间、形体、界面"主要包括各类可支持建筑本体方案生成过程中，涉及功能、空间、形体、界面等核心要素的各种设计策略要点匹配，以及基于智能化算法、性能模拟等新型技术的即时可视化、环境影响后评估、需求指标分析验证、环保评价等辅助设计的设计技术内容。

（1）形体生成推演技术

在建筑的形体生成设计阶段，基于气候条件差异及场地布局设计，借助性能模拟分析、即时可视化等先进技术手段，推演优化，调整建筑群体或单体的形状、边角、适风、向阳等，应对、控制建筑与外部气候要素交互关系，完成建筑的体形、体量、方位等形体生成的相关设计技术。

（2）空间推演技术

在建筑的空间设计阶段，基于外部气候条件差异及建筑内部空间功能与性能需要，以建筑节能与室内环境性能优化为目标，借助数据搜索匹配、性能模拟分析等先进技术手段推演优化，合理调整建筑空间的组织与组合，空间模块的尺度、形态、性质，空间可变与因时而变的兼容拓展与灵活划分等空间设计内容，完成建筑空间气候适应性设计的相关设计技术。

（3）建筑界面推演技术

在建筑的围护结构设计阶段，基于外部气候条件差异及建筑的内外围护结构界面针对光、热、

风、湿等关键气候要素的设置需要，借助性能模拟分析等先进技术手段，通过选择吸纳、过滤、传导、阻隔等不同技术路径，以实现采光或遮光、通风或控风、蓄热或散热、保温或隔热等围护结构不同性能，以合理调整建筑内外围护结构的形式、选材、构造等界面设计内容，完成建筑界面气候适应性设计的相关设计技术。

技术协同

建筑师主导的以空间为核心的绿色建筑设计的各项策略方法同样需要结构、设备等各专业的配合与深化，需要落实为具体的技术参数和措施，也需要各专业在施工过程和使用运维阶段进行评测和检验；此外，建筑本体在调节外部自然气候的基础上，仍需借助人工附加控制的能源捕获与供给、环境调控设备，提升建成环境质量。这些工作需要综合多项学科知识以协同多专业配合与沟通，包括设计前期策划阶段的场地气候资源条件分析，对各设计阶段方案推演设计过程中能耗与物理环境影响评估反馈的环境影响后评估分析技术；以及在建筑的主动式设备选型设计阶段，基于外部气候条件差异及建筑的可再生能源利用和空间物理环境控制需要，以建筑节能与室内环境性能优化为目标，借助性能模拟分析等先进技术手段，合理选择建筑产能类型匹配度高的可再生能源利用模式与形式，确定调控高效的采暖制冷末端选型，最终完成建筑主动式设备选配设计等相关技术内容。

Framework

本导则总共由五部分构成。F为整体架构与导读，C为地域气候特征分析，P、B、T分别按照场地与布局，功能、空间、形体、界面，技术协同三部分，逐条进行技术分析。

本导则是建筑师视角的关于绿色建筑设计的综合性指引性文件，从"设计机理—设计方法—技术体系—示范应用"四个层面进行条文技术编制，对部分关键性措施与指标和设计要点等进行了阐述。

在本导则中，每项条文都在页面的顶部进行了章节定位描述，顶栏下方标明条文目的，并对各项条文提出了目的、设计控制、设计要点、关键措施与指标、相关规范与研究，以便于设计人员结合实际情况有针对性地实施各项条文技术。

本导则中所列条款，在实际项目中可根据具体条件进行分析测算，并综合考虑建议范围，调整最终指标。

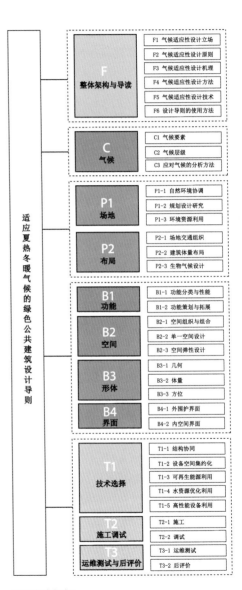

导则文本框架

Framework

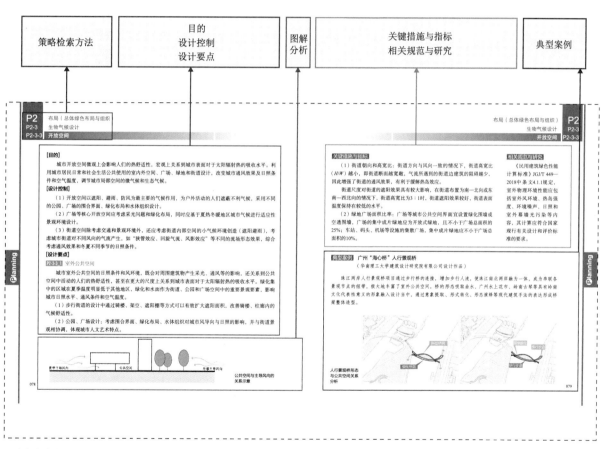

策略检索方法

目的
设计控制
设计要点

图解
分析

关键措施与指标
相关规范与研究

典型案例

P2 布局（总体绿色布局与组织）
P2-3 生物气候设计
P2-3-3 开放空间

布局（总体绿色布局与组织）　**P2**
生物气候设计　P2-3
开放空间　P2-3-3

Planning

[目的]
城市开放空间微观上会影响人们的热舒适性，宏观上关系到城市表面对于太阳辐射热的吸收水平。利用城市居民日常和社会生活公共使用的室内外空间、广场、绿地和街道设计，改变城市通风效果及日照条件和空气温度，调节城市局部空间的微气候和生态气候。

[设计控制]
（1）开放空间以遮阳、避雨、防风为最主要的气候作用，为户外活动的人们遮蔽不利气候，采用不同的公园、广场的围合界面、绿化布局和水体组织设计。
（2）广场等核心开放空间应考虑采光问题和绿化布局，同时应基于夏热冬暖地区城市气候进行适应性景观环境设计。
（3）街道空间除考虑交通和景观环境外，还应考虑街道内部空间的小气候环境创造（遮阳避雨），考虑城市街道对不同风向的气流产生，如"狭管效应、回旋气流、风影效应"等不同的流场形态效果，综合考虑通风效果和冬夏不同季节的日照条件。

[设计要点]
P2-3-1 室外公共空间
城市室外公共空间的日照条件和风环境，既会对周围建筑物产生采光、通风等的影响，还关系到公共空间中活动的人们的热舒适性，甚至在更大的尺度上关系到城市表面对于太阳辐射热的吸收水平。绿化集中的区域在夏季温度明显低于其他地区，绿化和水体作为街道、公园和广场空间中的重要景观要素，影响城市日照水平、通风效果和空气温度。
（1）步行街道的设计中通过骑楼、架空、遮阳棚等方式可以有效扩大遮阳面积，改善骑楼、柱廊内的气候舒适性。
（2）公园、广场设计：考虑围合界面、绿化布局、水体组织对城市风导向与日照的影响，并与街道景观相协调，体现城市人文艺术特点。

078

公共空间与主导风向的
关系示意

关键措施与指标
（1）街道朝向和高宽比：街道方向与风向一致的情况下，街道高宽比（H/W）越小，即街道断面越宽敞，气流所遇到的街道边建筑的阻碍越少，因此增强了街道的通风效果，有利于缓解热岛效应。
街道尺度对街道的遮阳效果具有较大影响，在街道布置为南—北向或东南—西北向的情况下，街道高宽比为3:1时，街道遮阳效果较好，街道表面温度保持在较低的水平。
（2）绿地广场面积比率：广场等城市公共空间界面宜设置绿化围墙或空透围墙，广场的集中成片绿地应为开敞式绿地，且不小于广场总面积的25%；车站、码头、机场等设施的集散广场，集中成片绿地应不小于广场总面积的10%。

相关规范与研究
《民用建筑绿色性能计算标准》JGJ/T 449—2018中条文4.1.1规定，室外物理环境性能包括室外风环境、热岛强度、环境噪声、日照和室外幕墙光污染等内容，其计算应符合国家现行有关设计和评价标准的要求。

典型案例 广州"海心桥"人行景观桥
（华南理工大学建筑设计研究院有限公司设计作品）

珠江两岸人行景观桥项目通过步行桥的连接，增加步行人流，使珠江南北两岸融为一体，成为串联各景观节点的经带，极大地丰富了室外公共空间。桥的形态提取岭南水、广州水上花市、岭南古琴等具有岭南文化代表性意义的形象融入设计当中，通过意象提取、形式转化、形态演绎等现代建筑手法的表达形成桥梁整体造型。

人行景观桥形态
与公共空间关系
分析

079

Planning

导则查询方法

019

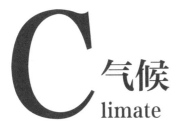

C 气候
Climate

气候部分，是阐述建筑师在设计初期了解如何去选择、获取、解读气候数据的一些通用性方法，通过这一过程，有利于建筑师在设计早期认识当地的气候特征以便更好地确定气候适应性策略。

C1气候要素。本部分作为气候基础性分析，主要是对夏热冬暖地区的基本情况进行分析，包括地域气候概况及温湿度、风环境、太阳辐射、降水与水文等方面，并重点分析了广州、南宁、海口三个典型城市的气候要素数据，以便建筑师获得针对气候适应性设计条件的认知。

C2气候层级。建筑环境学中适用的气候是分层级的，它区别于全球气候变化及天气预报大尺度的气候分析，建筑用的气候数据一般以地区性气候、局地气候或微气候尺度数据为主，本部分同时明确了相关可用的气候数据来源及选用原则。

C3应对气候的分析方法。本部分从风、光、热等方面，对夏热冬暖地区的气候分析方法及相应设计策略进行了阐述。

C1   **气候要素**

C1-1   地域气候概况   022

C1-2   温湿度   023

C1-3   风环境   024

C1-4   太阳辐射   025

C1-5   降水与水文   026

C2   **气候层级**

C2-1   气候的尺度问题   027

C2-2   不同层级气象数据选用   028

C3   **应对气候的分析方法**

C3-1   热湿环境分析   029

C3-2   风环境分析   030

C3-3   日照与采光分析   031

[地域概况]

夏热冬暖地区主要是指我国的南部，在北纬27°以南，东经97°以东，包括海南全境、广东大部分、广西大部分、福建南部、云南小部分，以及香港、澳门与台湾。

[气候概况]

夏热冬暖地区是指我国最冷月平均温度大于10℃，最热月平均温度满足25~29℃，日平均温度≥25℃的天数为100~200天的地区，是我国五个气候分区中的一个。

总的来说，夏热冬暖地区长夏无冬，温高湿重，气温年较差和日较差较小；雨量丰沛，多热带风暴和台风袭击，易有大风暴雨天气；太阳高度角大，日照较小，太阳辐射强烈。

[设计要点]

夏热冬暖气候区为亚热带湿润季风气候（湿热型气候），常年温高湿重、太阳辐射强烈且雷雨密集，因此要实现人居舒适性的目标，必须在充分考虑气候要素的基础上，满足防热、通风、防雨三个基本要求，与此同时建筑应解决好防雨、防潮、防台风、防雷击等问题，满足建筑空间环境的安全性和持久性使用目标。该地区建筑冬季可不考虑防寒、保温。

[定义]

温度是指距地面1.5m高的空气温度。空气湿度是指空气中水蒸气的含量。这些水蒸气来源于江河湖海的水面、植物以及其他水体的水面蒸发，通常以绝对湿度和相对湿度来表示。

[气候特点]

夏热冬暖地区具有长夏无冬，温高湿重的特征。以广州、南宁、海口三个城市为例，三地气温的变化趋势较为相似。三地5～9月平均温度均高于26℃。广州和海口月平均干球温度最高时接近29℃。三地冬季气候暖和，月平均干球温度最低的月份均为1月，广州和海口最低月平均干球温度仍接近14℃，海口最低月平均干球温度则为18℃。

夏热冬暖地区水网密集，全年相对湿度较高。广州、南宁、海口三地各月平均相对湿度均在60%以上，常年湿度较高。月平均露点温度随着干球温度的升高而升高，其峰值一般在7月或8月，露点温度为25℃左右。广州和南宁两地月平均露点温度谷值在12月，为8℃左右。海口的月平均露点温度谷值出现在1月，为14℃左右。

[设计要点]

夏热冬暖地区气候具有夏季高温、持续时间长，冬季短而暖和的特点，为了提供舒适的室内环境，需适当考虑主动式技术的应用。因此，该地区公共建筑节能重点是综合利用被动式设计策略达到为建筑降温除湿的目的，降低对主动式技术的依赖，从而降低建筑能耗。

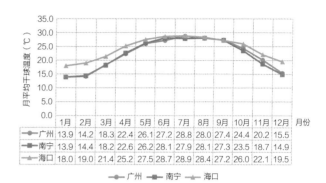

月份	1月	2月	3月	4月	5月	6月	7月	8月	9月	10月	11月	12月
广州	13.9	14.2	18.3	22.4	26.1	27.2	28.8	28.0	27.4	24.4	20.2	15.5
南宁	13.9	14.4	18.2	22.6	26.2	28.1	27.9	28.1	27.3	23.5	18.7	14.9
海口	18.0	19.0	21.4	25.2	27.5	28.7	28.9	28.4	27.2	26.0	22.1	19.5

广州、南宁、海口月平均干球温度

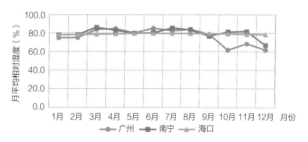

广州、南宁、海口月平均相对湿度

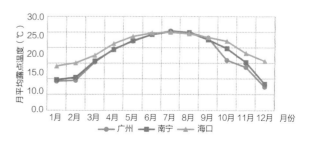

广州、南宁、海口月平均露点温度

Climate

[定义]

　　风是由太阳辐射热引起的空气流动而产生的一种自然现象。

　　风玫瑰图是气象科学专业统计图表，又分为"风向玫瑰图"和"风速玫瑰图"，用来统计某个地区一段时期内风向、风速及发生频率。

[气候特点]

　　以广州、南宁、海口三个城市为例，从三地全年风玫瑰图以及风速来看，三地全年大部分时间风速在1～4m/s之间，广州和南宁受西北风的影响相对较少，海口则主要受南风和东风的影响。

[设计要点]

　　夏热冬暖地区具有典型的湿热气候特征，需要通过增强建筑内部空间与外部环境之间的通风排除湿气热气。设计时可利用风压通风和热压通风的原理，对自然风进行捕获、协同和引导，获得良好的自然通风效果。夏热冬暖地区受亚热带季风影响，建筑布局和空间组织应有利于引导夏季自然风和过渡季自然风进入建筑，带走热量，降低空调使用频率，提高室内舒适度。

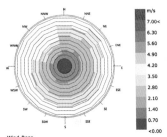

Wind-Rose
Guangzhou_Guangdong_CHN
1 JAN 1:00 - 31 DEC 24:00
Hourly Data: Wind Speed (m/s)
Calm for 20.53% of the time = 1798 hours.
Each closed polyline shows frequency of 0.6%. = 56 hours.

广州风玫瑰图

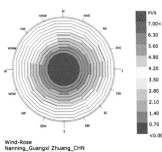

Wind-Rose
Nanning_Guangxi Zhuang_CHN
1 JAN 1:00 - 31 DEC 24:00
Hourly Data: Wind Speed (m/s)
Calm for 44.04% of the time = 3858 hours.
Each closed polyline shows frequency of 0.5%. = 44 hours.

南宁风玫瑰图

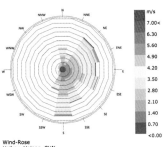

Wind-Rose
Haikou_Hainan_CHN
1 JAN 1:00 - 31 DEC 24:00
Hourly Data: Wind Speed (m/s)
Calm for 12.76% of the time = 1118 hours.
Each closed polyline shows frequency of 1.3%. = 111 hours.

海口风玫瑰图

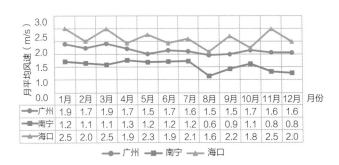

月份	1月	2月	3月	4月	5月	6月	7月	8月	9月	10月	11月	12月
广州	1.9	1.7	1.9	1.7	1.5	1.7	1.6	1.5	1.5	1.7	1.6	1.6
南宁	1.2	1.1	1.1	1.3	1.2	1.1	1.2	0.6	0.9	1.1	0.8	0.8
海口	2.5	2.0	2.5	1.9	2.3	1.9	2.1	1.6	2.2	1.8	2.5	2.0

广州、南宁、海口平均风速

[定义]

　　太阳辐射，是指太阳以电磁波的形式向外传递的能量。太阳辐射所传递的能量，称太阳辐射能。

[气候特点]

　　夏热冬暖地区太阳辐射强烈。以广州、南宁、海口三个城市为例，广州太阳总辐射量的峰值在7月和8月，总太阳总辐射量均接近120kWh/m²，2月的太阳总辐射量最低，为60.8kWh/m²；南宁5月至9月的太阳总辐射量均超过120kWh/m²，太阳总辐射量最低的月份同样为2月，数值是57.4kWh/m²；海口在三地中夏季的总太阳辐射量最高，峰值出现在7月，数值为174.3kWh/m²，3月至10月的太阳总辐射量均超过了100kWh/m²。

[设计要点]

　　夏热冬暖地区具有高温强辐射的特点，因此本地区的建筑应进行遮阳和隔热的专项设计。在进行建筑设计时，需对不同建筑外界面的特征进行分析，选择合适的遮阳与隔热措施，以降低太阳辐射对建筑屋面与墙面的负面影响，减少建筑室内空间整体得热。

　　值得注意的是，增加遮阳隔热的措施有时会对室内光环境造成一定影响。因此，在进行遮阳隔热设计时，应综合考虑室内光环境的因素，在减少建筑得热和优化室内光环境两者之间寻找一个平衡点，提升建筑的整体性能。

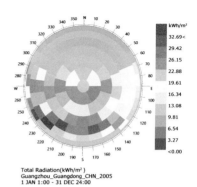

Total Radiation(kWh/m²)
Guangzhou_Guangdong_CHN_2005
1 JAN 1:00 - 31 DEC 24:00

广州太阳辐射方位分布

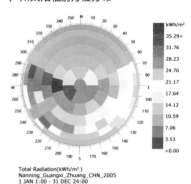

Total Radiation(kWh/m²)
Nanning_Guangxi_Zhuang_CHN_2005
1 JAN 1:00 - 31 DEC 24:00

南宁太阳辐射方位分布

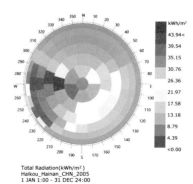

Total Radiation(kWh/m²)
Haikou_Hainan_CHN_2005
1 JAN 1:00 - 31 DEC 24:00

海口太阳辐射方位分布

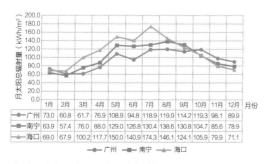

月份	1月	2月	3月	4月	5月	6月	7月	8月	9月	10月	11月	12月
广州	73.0	60.8	61.7	76.9	108.9	94.8	118.9	119.9	114.2	119.3	98.1	89.9
南宁	63.9	57.4	76.0	88.0	129.0	126.8	130.4	138.6	130.8	104.7	85.6	78.9
海口	69.0	67.9	100.2	117.7	150.0	140.9	174.3	146.1	124.1	105.9	79.9	71.1

广州、南宁、海口月太阳总辐射量

Climate

[定义]

降水是指空气中的水汽冷凝并降落到地表的现象，它包括两部分：一是大气中水汽直接在地面或地物表面及低空产生的凝结物，如霜、露、雾和雾凇，又称为水平降水；另一部分是由空中降落到地面上的水汽凝结物，如雨、雪、霰雹和雨凇等，又称为垂直降水。

水文指的是自然界中水的变化、运动等各种现象。

[气候特点]

本地区受亚热带季风气候影响，降水量普遍集中在夏季，冬季降雨量相对偏少。以广州、南宁、海口三个城市为例，广州地区最高降雨量在5月和6月，其中6月降雨量超过300mm；南宁的降雨量峰值在7月，月平均降雨量为237.6mm；海口的降雨量最高的月份为8月和9月，降雨量均超过了250mm。三个地区降雨量最少的月份集中在12月和1月，谷值在20mm到30mm之间。

[设计要点]

夏热冬暖地区降水量大，应因地制宜采取雨水收集与利用措施，同时加强海绵城市设计。本地区夏季多雷雨和台风，在建筑设计时应注重考虑建筑物的安全性和耐久性问题。此外，本地区的建筑设计应综合考虑场地内的避雨空间。由于夏热冬暖地区水资源丰富、植物生长茂盛，因此可通过利用生态环境设计策略注重对微气候环境的营造，合理设置自然水面及植物景观，降低建筑周边环境的温度，营造舒适的建筑人居环境。

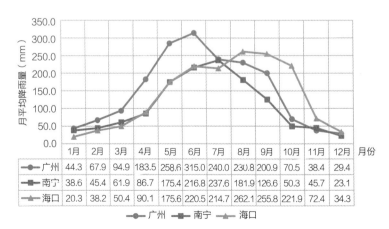

月份	1月	2月	3月	4月	5月	6月	7月	8月	9月	10月	11月	12月
广州	44.3	67.9	94.9	183.5	258.6	315.0	240.0	230.8	200.9	70.5	38.4	29.4
南宁	38.6	45.4	61.9	86.7	175.4	216.8	237.6	181.9	126.6	50.3	45.7	23.1
海口	20.3	38.2	50.4	90.1	175.6	220.5	214.7	262.1	255.8	221.9	72.4	34.3

广州、南宁、海口月平均降雨量

[定义]

　　气象学家Barry按照空间尺度将气候分为全球性风带气候、地区性大气候、局地气候和微气候。气候的层级性认知对于场地环境和建筑群尺度的微气候调节乃至城市尺度的气候影响具有重要的价值，对建筑的选址具有重要意义，为建筑选址的趋利避害奠定了基础。在具备选址可能性的条件下，对场地所在地段不同尺度的气候分析也会对场地的布局产生影响，因而成为场地规划布局的重要环节，有利于进行因地制宜的建筑设计。

气候尺度分级表

气候系统类型	气候特征的空间尺度（km）		时间范围
	水平范围	垂直范围	
全球性风带气候	2000	3～10	1～6个月
地区性大气候	500～1000	1～10	1～6个月
局地气候	1～10	0.01～1	1～24小时
微气候	0.1～1	0.1	24小时

资料来源：T.A. 马克斯，E.N. 莫里斯. 建筑物·气候·能量[M]. 陈士骥，译. 北京：中国建筑工业出版社，1990：103-104.

Climate

Climate

[定义]

建筑性能模拟是在建筑创作阶段一种常用的优化建筑设计以提升建筑性能的方法。建筑模拟软件承担了复杂的基于物理的计算工作，它们的普及大大降低了建筑性能研究的门槛，研究者只需建立建筑模型并设置好气象文件，模拟工具便会承担相应的计算工作，并把计算结果直观地展示出来。运用模拟引擎，建筑师和工程师便能通过不断进行模拟来修正自己的设计，以达到节省能源、提高室内舒适度等目的。建筑模拟除了需要对建筑工况以及周边环境进行设置之外，还有一个必不可少的步骤便是设定模拟的气候环境。

气候对建筑性能的影响相当大。若要获得准确的有参考价值的模拟结果，则必须使用符合现实情况的气象文件进行模拟。目前，我国建筑模拟常用的气象数据是基于城市气象站长期的观测结果生成的。由于建筑总是处于具体的环境中的，在对建筑进行性能模拟时，应注意所使用的气象文件是否能够准确描述建筑所在地点的微气候。尤其是大部分的公共建筑处于城市环境之中，由于城市热岛效应，有可能建筑所在环境的微气候与气象站观测的数据有较大差别。在这种情况下，则需要选择相对应层级的气象数据进行建筑性能模拟。

国内所涉及的典型气象年气象数据来源主要为公开渠道获得，如遇特殊项目，可由甲方委托相关机构提供。其中公开渠道可获得用于微气候分析与建筑能耗模拟的逐时气象数据主要有4种，分别为：

（1）中国建筑热环境专用气象数据集（CSWD），来源于清华大学和中国气象局的数据，是国内实测的数据；

（2）CTYW（Chinese Typical Year Weather）数据来源于美国国家气象数据中心（NCDC），张晴原学者做了处理；

（3）SWERA（Solar and Wind Energy Resource Assessment）数据来源于联合国环境规划署（UNEP），是空间卫星测量数据，主要偏重于太阳能和风能评估方面；

（4）IWEC（International Weather for Energy Calculation）数据来源于美国国家气象数据中心（NCDC），部分辐射及云量数据都是通过计算得到的。

我国典型气象年数据集

序号	机构	名称	数据格式	来源	适用范围
1	清华大学、中国气象局	CSWD	xls	中国建筑热环境专用气象数据集软件	绿色设计
			epw	EnergyPlus官网	DOE-2，BLAST，EnergyPlus，Grasshopper Ladybug
			wea	Autodesk Green Building Studio，Ecotect软件	Ecotect
2	美国国家气象数据中心	CTYW	wea	Ecotect软件	Ecotect
3	联合国环境规划署	SWERA	epw	EnergyPlus官网	太阳能和风能评估方面、Grasshopper Ladybug
4	美国国家气象数据中心	IWEC	wea	Ecotect软件	Ecotect
			epw	EnergyPlus官网	Grasshopper Ladybug

Climate

[定义]

热湿环境是建筑环境中最主要的内容，主要反映在空气环境的热湿特性中。建筑室内热湿环境形成的最主要原因是各种外扰和内扰的影响。外扰主要包括室外气候参数，如室外空气温湿度、太阳辐射、风速、风向变化，以及邻室的空气温湿度，均可通过围护结构的传热、传湿、空气渗透使热量和湿量进入到室内，对室内热湿环境产生影响；内扰主要包括室内设备、照明和人员等室内热湿源。

为了方便工程应用，将一定大气压力下湿空气的4个状态参数（温度、含湿量、比焓和相对湿度）按公式绘制成图，即为湿空气焓湿图。

[分析方法]

根据气象数据在焓湿图中对各种主动式、被动式设计策略进行分析。其中被动式策略与建筑设计的关系尤为密切，建筑师恰当地使用被动式策略不仅可以减少建筑对周围环境的影响，还可以减少采暖空调等的造价与运行费用。同时，主动式策略也有高能低效与低能高效之分，通过在焓湿图上分析主动式策略，也同样可以有效地节约能源。

焓湿图可以用来确定空气特征的基本参数，包括温度、含湿量、比焓和相对湿度以及与热环境的关系。在气候分析过程中可以借用它来比较直观地分析和确定建筑室内外气候的冷、热、干、湿情况，以及距离舒适区的偏离程度。

热舒适区域可以看作建筑热环境设计的具体目标，通过建筑设计的一些具体措施可改变环境中的因素来缩小室外气候偏离室内舒适的程度。

焓湿图可以对输入的气象数据进行可视化分析，并对多种被动式设计策略进行分析和优化，帮助建筑师在方案设计阶段制定适当的被动式策略，有利于减轻建筑对周围环境的影响，减少建筑在使用过程中机械方面的压力。

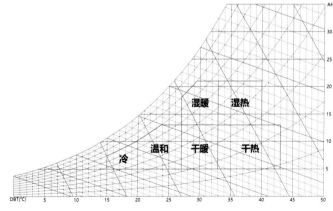

湿空气焓湿图

Climate

[定义]

　　风环境对建筑室内外温度、湿度有直接调节作用，对建筑室内外整体环境质量有重要影响。良好的建筑场地风环境应利于室外行走、活动舒适和建筑的自然通风。

[分析方法]

　　建筑物周围人行区距地1.5m高处风速$v<5m/s$时，不影响人们正常室外活动的基本要求。但另一方面，通风不畅会严重阻碍空气的流动，在某些区域形成无风区或涡旋区，对室外散热和污染物消散非常不利，应尽量避免。夏热冬暖地区夏季、过渡季自然通风对于建筑节能十分重要，良好的自然通风有利于提高室外环境的舒适度。当夏季室外场所的热环境恶劣时，长时间停留会引发高比例人群的生理不适甚至中暑。

　　根据《绿色建筑评价标准》GB/T 20378—2019中建议：（1）在冬季典型风速和风向条件下，建筑物周围人行区距地高1.5m处风速小于5m/s，户外休息区、儿童娱乐区风速小于2m/s，且室外风速放大系数小于2；除迎风第一排建筑外，建筑迎风面与背风面表面风压差不大于5Pa。（2）在过渡季、夏季典型风速和风向条件下，场地内人活动区不出现涡旋或无风区；50%以上可开启外窗内外表面的风压差大于0.5Pa。

　　目前，风环境分析方法主要有风洞试验法和计算流体力学（CFD）模拟法。其中，风洞实验法准确性高，但有制作成本大、周期长等缺点，难于在工程实践中广泛应用。相比之下，CFD模拟法在快速简便和成本低的同时，实验结果仍能保持较高的准确率。因此，CFD模拟法可被广泛应用于工程中，以对比不同设计方案的场地与建筑风环境。

Climate

[定义]

日照是指物体表面被太阳光直接照射的现象。从太阳光谱可以知道，到达大气层表面太阳光的波长范围在0.2 ~ 3.0μm之间。太阳光中除了可见光外，还有短波范围的紫外线、长波范围的红外线。

采光是指通过门窗、洞口使建筑物内部得到适宜的光线。采光可分为直接采光和间接采光，直接采光指采光窗户直接向外开设；间接采光指采光窗户朝向的空间开设。

[分析方法]

建筑对日照的要求主要是根据它的使用性质和当地气候情况而定。夏热冬暖地区的建筑在保证室内有充足采光的前提下，应避免过量的直射阳光进入室内造成室内过热或增加空调能耗的问题。此外，展览室、绘图室、化工车间和药品库等对照度或辐射有要求的空间要限制阳光直射到工作面或物体上，以免发生危害。

为了获得天然光，可在建筑外围护结构上（如墙和屋顶等处）设计各种形式的洞口，并在其外装上透明材料，如玻璃或有机玻璃或透光膜等，这些透明的孔洞统称为采光口。可按采光口所处的位置将其分为侧窗和天窗两类。最常见的采光口形式是侧窗，它可以适用于任何有外墙的建筑内。但由于它的照射范围有限，故一般只用于进深不大的房间采光。这种采光形式称为侧窗采光。在建筑屋顶上的天窗采光，其开窗形式、面积、位置等方面可根据室内空间灵活设置，通过合理布局有效控制室内照度。同时采用这两种采光形式的，称为混合采光。

采光口在为室内提供天然光照度的同时，一般情况下也可兼作通风口，设置时需考虑其对室内保温隔热性能的影响。同时，对于有爆炸危险的房间还可作为泄爆口。因此在选择采光口时需要针对具体房间的用途综合考量。

评价自然采光好坏的主要技术指标包括采光系数、室内天然光照度，特定情况下还需要考虑采光均匀度、眩光指数等采光质量控制参数。夏热冬暖气候区属于光气候Ⅳ区，建筑室内采光应满足相关规范的要求。各类空间应满足的采光技术指标与相应的计算方法可通过查阅《建筑采光设计标准》GB 50033—2013获得。

P 场地设计
lanning

　　场地设计部分，是建筑师在场地布局阶段根据夏热冬暖地区气候特色进行绿色建筑设计的方法与策略。建筑师应根据不同的场地条件进行分析，选取最适宜的场地布局方式进行组合，形成最优绿色建筑布局方案。

　　P1场地。本部分注重生态保持与重塑，包括自然环境协调、规划设计研究、环境资源利用三个方面，是针对场地内部及周边前置条件的分析及研究。

　　P2布局。本部分注重绿色布局与组织，包括场地交通组织、建筑体量布局、生物气候设计三个方面，是具有针对性的场地绿色设计策略与布局。

P1 　 **场地（场地生态保持与重塑）**

　　P1-1　自然环境协调　　　　　　　034

　　P1-2　规划设计研究　　　　　　　040

　　P1-3　环境资源利用　　　　　　　045

P2 　 **布局（总体绿色布局与组织）**

　　P2-1　场地交通组织　　　　　　　052

　　P2-2　建筑体量布局　　　　　　　057

　　P2-3　生物气候设计　　　　　　　070

[目的]

在六种常见的自然灾害（台风、风暴潮、洪水、干旱、地震、地质灾害）中，夏热冬暖气候区主要面临洪水、台风等的挑战。因而场地选址应满足无灾害、无污染的要求，保障人的生命财产安全。场地还应考虑偶发自然灾害和次生灾害对建筑使用和生命健康的影响，应在自然灾害影响下无明显的安全威胁，且场地应具备较强的抗灾能力及灾后恢复能力，并落实生态环境保护的要求，减少建设活动对土地和环境的破坏，保证可持续发展。

[设计控制]

项目选址应满足无灾害、无污染的要求，并应符合下列规定：

（1）根据场地所在地区的气候特征和气象条件进行合理的防护设计，保证场地的安全。

（2）夏热冬暖气候区应尤其注意台风、雨水洪涝等自然灾害的防护原则。场地应避开洪泛区、塌陷区、地震断裂带及易于滑坡的山体等地质灾害易发区，以及易发生城市次生灾害的区域。

（3）场地应远离空气污染、噪声、电磁辐射、震动和有害化学品等。

[设计要点]

`P1-1-1_1` 自然灾害防护

（1）场地应避开滑坡、泥石流等地质危险地段，易发生洪涝地区应有可靠的防洪涝基础设施；场地应无危险化学品、易燃、易爆危险源的威胁，应无电磁辐射、含氡土壤的危害。否则在建筑使用中容易威胁人的生命安全，造成严重经济损失。

（2）场地详细的调研及资料收集，区位图、地形图，场地水文状况分析报告，场地洪涝、滑坡、泥石流等自然灾害评估报告等。

（3）场地应具有一定的抗台风条件，对相关的台风资料进行搜集，对场地的瞬时极值风速进行模拟分析。

（4）室外场地宜设置防风林、绿篱或防风墙等构筑物防止台风灾害，植物可以选择杉树等抗台风树种；场地设计标高应满足高于洪水位加浪高最少0.5m，防止洪涝灾害。

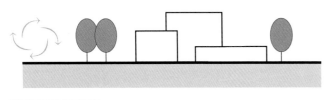

利用绿化防台风图示

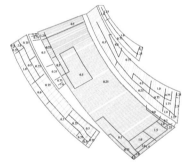

关键措施与指标

（1）设计原则：建筑防灾避难场所或设施的设置应遵循场地安全、交通便利和出入方便的原则。

（2）设计措施：建筑设计应根据灾害种类，合理采取防灾、减灾及避难的相应措施。

相关规范与研究

（1）建筑所处位置应符合《城市用地分类与规划建设用地标准》GB 50137、《防洪标准》GB 50201、《城市防洪工程设计规范》GB/T 50805、《城市抗震防灾规划标准》GB 50413、《电磁环境控制限值》GB 8702、《电磁辐射环境保护管理办法》等相关规范标准的要求。

（2）满足《民用建筑设计统一标准》GB 50352—2019中3.6条文关于防灾避难的相关规定。

（3）其他规范中的相应规定，如《绿色建筑评价标准》GB/T 50378、《广东省绿色建筑评价标准》DBJ/T 15-83等。

Planning

典型案例 中国（海南）南海博物馆

（华南理工大学建筑设计研究院有限公司设计作品）

中国（海南）南海博物馆通过算法对26800m² 大型双曲屋面及其面材进行有理化划分和"四点共面"优化，引入了"遗传算法"，解决了屋盖结构与支撑Y柱的形体与结构双重协同问题。

针对抗台风的高要求，实现了曲面钢网架屋面及大跨度焊接钢梁—钢筋混凝土板组合楼盖的协同和优化设计。完成了不规则形体大面积双曲屋面抗14级台风的设计优化工作，并在2017年10月18日成功抵抗了强台风"莎莉嘉"的袭击。

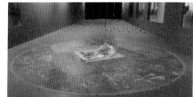

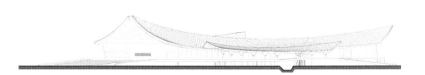

南海博物馆立面图

南海博物馆结构分析及风洞试验

[目的]

夏热冬暖气候区的建设场地应充分保留和利用场地内有环保价值和利用价值的自然资源，适应自然山水格局、保护山体、延续水网，并且维护生物多样性和生态平衡，保护生物栖息环境，推进生态文明建设。

[设计控制]

（1）场地选址需符合上位城市规划条件，包括：场地是否符合当地基本生态环境控制线、紫线规划、环境保护规划、环境功能区划、生态功能区划要求等各项规定。

（2）在对场地生态环境进行调研和分析基础之上，对现状资源进行合理的保护和利用，减少破坏和浪费。

[设计要点]

（1）进行场地生态环境分析，包括植被、水系、湿地、具有保护价值的树木与建筑等生态环境现状资料的分析。宜结合原有水体和湿地等自然环境，在其湿地、河岸、水体等区域采取保护或恢复生态的措施。

（2）充分利用自然资源，保护场地内原有植被树木和地形地貌。根据山体、河道等有关防排洪的汇水面积、相关水文资料以及上位的控制性规划条件等，得到场地与水网、山体的安全距离。

（3）建设应保护和利用地表水体，禁止破坏场地与周边原有水系的关系，并应采取措施，保持地表水的水量和水质。

（4）建设过程中应采取保护生态与生物多样性的措施，尽量保持场地内原有生物栖息环境。

关键措施与指标

（1）生态红线：项目规划范围应该严格遵守生态红线。

（2）设计标高及退让距离：场地设计标高应高于洪水位标高0.5~1.0m；河道两边一般管理范围堤坡线以外10~30m，保护范围堤坡线以外200m左右等；控制山体周边建筑高度和退让距离，高度不超过山体高度的1/3~2/3。

相关规范与研究

（1）符合《珠江三角洲环境保护规划纲要》《珠江三角洲环境保护一体化规划》《全国国土规划纲要（2016—2030年）》《"十四五"生态环境保护规划》等的控制要求。

（2）《珠江三角洲环境保护规划纲要（2004—2020年）》中明确指出要保护重要与敏感生态区；实施生态保护分级控制，划分为：严格保护区、控制性保护利用区、引导性开发建设区。

（3）对水体和原有栖息地的改造应符合《城市水系规划规范》GB 50513、《公园设计规范》GB 51192和《城市园林绿化评价标准》GB/T 50563。

（4）其他规范中的相应规定，如《绿色建筑评价标准》GB/T 50378、《深圳市绿色建筑设计方案审查要点》等。

Planning

[目的]

《珠江三角洲环境保护规划纲要》要求，努力实现环境可持续的现代化，把珠江三角洲建成全面、协调的国家可持续发展示范区。到2020年，珠三角生态环境安全格局基本形成，循环经济体系逐步完善，生态良性循环，所有城市达到生态市要求，建成生态城市群。

[设计控制]

①制定城区地形地貌、生物多样性等自然生境和生态空间管理措施和指标；②制定城区大气、水、噪声、土壤等环境质量控制措施和指标；③实行雨污分流排水体制，城区生活污水收集处理率达到100%；④垃圾无害化处理率应达到100%；⑤无黑臭水体。

[设计要点]

P1-1-3_1　生态环境

生态环境是指影响人类生存与发展的水资源、土地资源、生物资源以及气候资源数量与质量的总称，是关系到社会和经济持续发展的复合生态系统。

（1）"环境是发展和生存的条件"，综合考虑区域环境容量与生态安全，有针对性地开展环境整治和生态建设，在发展中解决环境问题，促进环境与社会经济的协调发展。

（2）加强生态空间共保：保护重要生态功能区，完善自然保护地体系，加强生态保护红线管控。

（3）推进生物多样性保护：实施生物多样性保护与恢复示范，实施严格的禁（休）渔制度。

（4）加强重要生态系统修复：加强山地丘陵生态修复，推进江河防护林体系建设，加强重要湖泊与入湖河流生态修复，统筹海岸带与近海海域生态修复。

相关规范与研究

《绿色生态城区评价标准》GB/T 51255—2017从两个方面进行评价：

（1）自然生态：①实施生物多样性保护；②城区实施立体绿化，各类园林绿地养护管理良好，城区绿化覆盖率较高；③推进节约型绿地建设；④注重湿地保护；⑤实施城区海绵城市建设，推行绿色雨水基础设施；⑥场地防洪设计符合现行国家标准的规定。

（2）环境质量：①城区建设用地内无土壤污染；②区域内地表水环境质量达到批准执行的城市水环境质量标准；③建立空气质量监测系统；④合理控制城区的城市热岛效应强度；⑤区域环境噪声质量符合《声环境质量标准》的规定；⑥实行垃圾分类收集、密闭运输。

典型案例 **广州市南沙湿地公园**
（AECOM设计作品）

　　南沙湿地公园位于广州市最南端，地处珠江出海口西岸的南沙区，是广州市最大的湿地公园，是候鸟迁徙的重要停息地之一。春：探鸟巢树花；夏：赏荷叶田田；秋：看红树苇影；冬：观掠水候鸟。南沙湿地公园是集生态观光、科普教育、文化影视、休闲健康等综合配套为一体的滨海湿地特色生态旅游休闲区。

广州市南沙湿地公园实景

[设计要点]

P1-1-3_2 景观环境

　　规划设计应统筹庭院、街道、公园及小广场等公共空间，形成连续、完整的公共空间系统，并结合遮阳降温进行设计。此外还应符合下列规定：

　　（1）通过建筑布局形成适度围合、适宜尺度的庭院空间。

　　（2）结合配套设施的布局塑造连续、宜人、有活力的街道空间。

　　（3）宜结合滨水地带进行公共空间的塑造，使行人充分感受滨水空间带来的开放性和连续性。

　　（4）构建动静分区合理、边界清晰连续的小游园、小广场；宜设置景观小品美化生活环境。

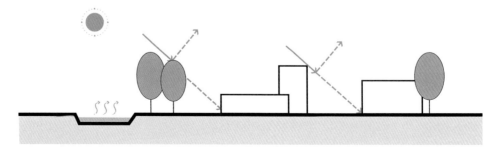

利用景观环境遮阳降温

关键措施与指标

（1）景观环境：指由各类自然景观资源和人文景观资源所组成的，具有观赏价值、人文价值和生态价值的空间关系。城市景观环境应贯彻人与自然和谐共存、可持续发展、经济合理等基本原则，创造良好生态和景观效果，促进人的身心健康。

（2）绿化满意度：城市园林绿化和公共绿地是城市自然景观中主要的部分，也是居民生活不可缺少的生态用地，城市居民对城市园林绿化的满意度应纳入评价标准并作为重要的参照。

相关规范与研究

《城市园林绿化评价标准》GB/T 50563—2010中条文3.0.2规定，城市园林绿化评价应由高到低分成四个标准等级，分别为城市园林绿化Ⅰ级、城市园林绿化Ⅱ级、城市园林绿化Ⅲ级和城市园林绿化Ⅳ级。

典型案例　广州"海心桥"人行景观桥

（华南理工大学建筑设计研究院有限公司设计作品）

"海心桥"人行景观桥位于广州中轴线珠江段，北岸是珠江新城CBD商务区，南岸是地标性建筑——广州塔。景观桥将实现珠江两岸慢行通道的互联互通，并将沿岸的核心景区有机串联，形成景观与环境的和谐统一。

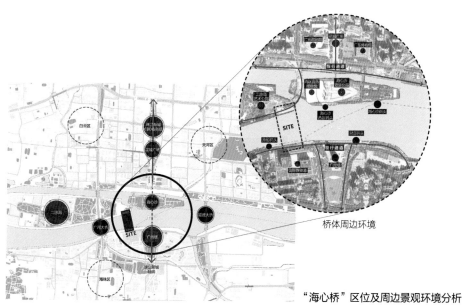

桥体周边环境

"海心桥"区位及周边景观环境分析

Planning

Planning

[目的]

场地土地利用应该在不超出环境承载力的前提下，集约利用土地并合理控制场地开发强度。

[设计控制]

建筑项目的容积率、建筑密度、绿地率、建筑高度等控制指标，应符合所在地控制性详细规划的有关规定。

各项指标在满足有关规定的同时应结合现状情况、服务区位、交通区位、环境区位和土地价值等因素，进行综合环境分析后确定。

体现土地可持续利用的思想，城市土地的集约利用不仅要求结构最优、使用效能最大，同时也要求在土地利用过程中要以不损害未来土地的开发潜能为前提（如城市历史文化风貌的保护）。从长远目标来看，集约利用既要保证目前各业有地用、用好地，又要保证城市有足够的预留空间与发展空间。

[设计要点]

P1-2-1_1 容积率

容积率是城市规划中的一个重要技术指标，它间接反映了单位土地上所承载的各种人为功能的使用量，即土地的开发强度。

人口众多的地区往往建筑容积率较高，容积率越高表示土地的利用率也就越高，但是对周边的城市基础设施的压力也越大，因此不可能无限制地提高容积率，所以建筑容积率应该按照当地城市规划管理技术规定进行确定。

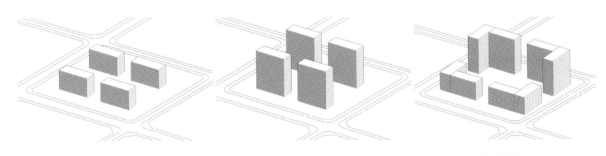

容积率约为1.0　　　　　　容积率约为2.0　　　　　　容积率约为3.0

不同容积率条件下的建筑体量分析

关键措施与指标

容积率：指建筑物地面以上各层建筑面积的总和与建筑基地面积的比值，是衡量建设用地使用强度的一项重要指标。

典型案例 广州越秀城建"西塔"项目

（华南理工大学建筑设计研究院有限公司设计作品）

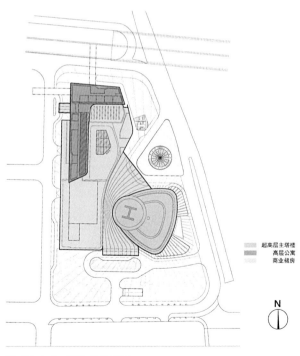

超高层主塔楼
高层公寓
商业裙房

N

越秀城建"西塔"总平面图

相关规范与研究

（1）《绿色建筑评价标准》GB/T 50378—2019中条文7.2.1规定，节约集约利用土地，评价总分值为20分；对于公共建筑，根据不同功能建筑的容积率（R）按表7.2.1-2的规则评分。

公共建筑容积率（R）评分规则　表7.2.1-2

行政办公、商务办公、商业金融、旅馆饭店、交通枢纽等	教育、文化、体育、医疗卫生、社会福利等	得分
1.0≤R<1.5	0.5≤R<0.8	8
1.5≤R<2.5	R≥2.0	12
2.5≤R<3.5	0.8≤R<1.5	16
R≥3.5	1.5≤R<2.0	20

（2）容积率的计算涉及的建筑面积一般按照《建筑工程建筑面积计算规范》GB/T 50353—2013的规定进行。

广州越秀城建"西塔"项目，基地位于广州市珠江新城核心商务区，总用地面积31084.96m²，塔楼总高度434m，共103层，总建筑面积约45万m²，计算容积率面积345624m²，容积率11.1，建筑密度39.9%，绿地率31.2%。主要功能包括：智能化超甲级写字楼、白金五星级酒店及裙楼配套区域、套间式办公楼、超高档商场。

[设计要点]

P1-2-1_2 绿地率

绿地率指标反映了地块绿地水平和环境质量的水平，绿地率控制与用地性质、地段位置等因素有关，控制绿地率是为了改善城市绿化环境质量。

关键措施与指标

绿地率：指规划建设用地范围内的绿地面积与规划建设用地面积之比。计算公式：绿地率=规划建设用地范围内的绿地面积÷项目总用地面积×100%。

相关规范与研究

（1）《绿色建筑评价标准》GB/T 50378—2019中条文8.2.3规定，公共建筑绿地率达到规划指标105%以上，得10分；绿色向公众开放，得6分。

（2）《广州市城市绿化管理条例》对各类建设用地内的绿地率作出相应的规定，医院、休（疗）养院等医疗卫生机构以及社会福利保障机构不低于40%；高等院校不低于40%，其他教育、科研、行政办公等单位不低于35%；宾馆、商业、体育场（馆）等大型公共建筑设施及文化娱乐场所，建筑面积在2万㎡以上的不低于35%，建筑面积不足2万㎡的不低于30%。

典型案例 广州粤剧艺术博物馆

（华南理工大学建筑设计研究院有限公司设计作品）

粤剧艺术博物馆设计方案尊重基地与粤剧文化历史、岭南传统园林的密切关系，将建筑实体转化为园林空间。

项目规划总用地面积1.72万㎡，总建筑面积约2.17万㎡，绿地率37.2%。南岸地块为博物馆主场馆所在，布局为传统岭南园林建筑，主馆周边布置亭台楼阁等建筑及约1500㎡的湖面。

广州粤剧艺术博物馆总平面图

[设计要点]

`P1-2-1_3` 建筑密度

建筑应该保持适当的密度，可以确保城市的每个部分都能在一定条件下得到最多的日照、空气并保证防火安全，以及最佳的土地利用强度。建筑过密造成街廓消失、空间紧缺，有的甚至损害历史保护建筑。

关键措施与指标

建筑密度：是指建筑物的覆盖率，具体指项目用地范围内所有建筑的基底总面积与规划建设用地面积之比（%），它可以反映出一定用地范围内的空地率和建筑密集程度。

相关规范与研究

建筑基地的建筑密度应按照各地的城市规划管理技术规定执行。例如《广州市城市规划管理技术规定》第一章"总则"的第四条"密度分区"规定，为了科学地实施规划管理，将广州市划分成不同的密度分区，在不同密度分区内制定、实施城市规划和进行建设应当符合所在密度分区的规划控制指标。密度分区的划分以及不同密度分区的规划控制指标由城市规划行政主管部门另行规定。

典型案例 广州珠江新城商务办公区

（华南理工大学建筑设计研究院有限公司设计作品）

广州珠江新城商务办公区林立的超高层办公楼，与前排低层高密度的城中村形成鲜明的对比，体现了城市集约化发展态势。

广州珠江新城商务办公区密度分析

Planning

Planning

[设计要点]

P1-2-1_4 建筑高度

在计算建筑高度时，建筑高度按下列规定计算（如右图所示）：

（1）平屋面建筑：挑檐屋面自室外地面算至檐口顶，加上檐口挑出宽度；有女儿墙的屋面，自室外地面算至女儿墙顶。

（2）坡屋面建筑：屋面坡度小于45°（含45°）的，自室外地面算至檐口顶加上檐口挑出宽度；坡度大于45°的，自室外地面算至屋脊顶。水箱、楼梯间、电梯间、机械房等突出屋面的附属设施，其高度在6m以内，且水平面积之和不超过屋面建筑面积1/8的不计入建筑高度。

关键措施与指标

建筑高度：是指屋面面层到室外地坪的高度。

相关规范与研究

（1）《民用建筑设计统一标准》GB 50352—2019中条文4.5.1规定，建筑高度不应危害公共空间安全和公共卫生，且不宜影响景观，在特定地区应实行建筑高度控制，并符合相应规定。

（2）民用建筑按层数或高度分类按照《住宅设计规范》GB 50096、《建筑设计防火规范》GB 50016等来划分。

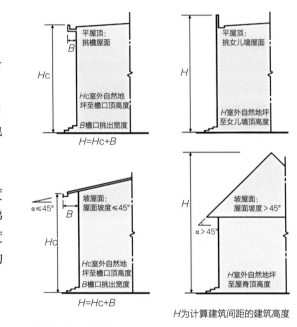

建筑高度计算图示
来源：《广州市城市规划管理技术标准与准则》

典型案例   广州天伦控股大厦

（华南理工大学建筑设计研究院有限公司设计作品）

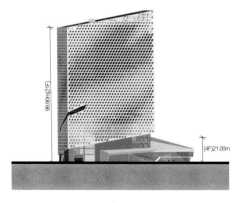

天伦控股大厦，总建筑面积47281m²，其中地上建筑面积为38287m²，地下面积为8994m²，建筑层数为地上21层（其中裙楼4层），地下2层，建筑高度为99.90m。

广州天伦控股大厦立面

[目的]

场地资源包括可再生能源、生物资源、市政基础设施和公共服务设施等。在场地设计中应该充分利用现有条件，做到节约资源。

[设计控制]

场地资源利用不应超出环境承载力，应通过控制场地开发强度，并采用适宜的场地资源利用技术，满足场地和建筑可持续运营的要求。环境承载力是指在某一时空条件下，区域生态系统所能承受的人类活动的阈值，包括土地资源、水资源、矿产资源、大气环境、水环境、土壤环境，以及人口、交通、能源、经济等各个系统的生态阈值。环境承载力是环境系统的客观属性，具有客观性、可变性、可控性的特点，可以通过人类活动的方向、强度、规模来反映。场地资源利用的开发强度应小于或等于环境承载力。

[设计要点]

P1-3-1_1 可再生能源

利用地下水时，应符合地下水资源利用规划，并应取得政府有关部门的许可；应对地下水系和形态进行评估，并应采取措施，防止场地污水渗漏对地下水产生污染。

利用地热能时，应编制专项规划报当地有关部门批准，应对地下土壤分层、温度分布和渗透能力进行调查，评估地热能开采对邻近地下空间、地下动物、植物或生态环境的影响。

利用太阳能时（如右图所示），应对场地内太阳能资源等进行调查和评估。

利用风能时，应对场地和周边风力资源以及风能利用对场地声环境的影响进行调查和评估。

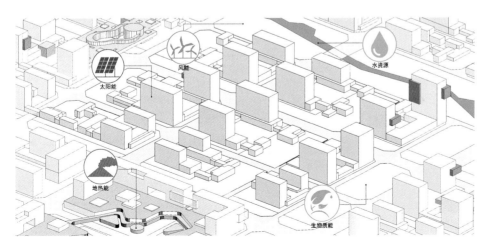

可再生能源利用示意

关键措施与指标

可再生能源数据：截至2019年底，我国可再生能源累计并网装机容量达到7.9亿kW，其中水电3.56亿kW，风电2.1亿kW，光伏发电2.04亿kW，生物质发电2254万kW，以上指标均居世界第一。核电装机4874万kW，在建规模1476万kW，居世界首位。非化石能源装机占总装机比例达到了41.9%，中国能源结构持续优化，清洁能源替代作用日益凸现。

相关规范与研究

《绿色建筑评价标准》GB/T 50378—2019中条文7.2.9要求建筑结合当地气候和自然资源合理利用可再生能源，评价总分值为10分，按表7.2.9的规则评分。

可再生能源利用评分规则　　表7.2.9

可再生能源利用类型和指标		得分
由可再生能源提供的生活用热水比例R_{hw}	$20\% \leqslant R_{hw} < 35\%$	2
	$35\% \leqslant R_{hw} < 50\%$	4
	$50\% \leqslant R_{hw} < 65\%$	6
	$65\% \leqslant R_{hw} < 80\%$	8
	$R_{hw} \geqslant 80\%$	10
由可再生能源提供的空调用冷量和热量比例R_{ch}	$20\% \leqslant R_{ch} < 35\%$	2
	$35\% \leqslant R_{ch} < 50\%$	4
	$50\% \leqslant R_{ch} < 65\%$	6
	$65\% \leqslant R_{ch} < 80\%$	8
	$R_{ch} \geqslant 80\%$	10
由可再生能源提供电量比例R_e	$0.5\% \leqslant R_e < 1.0\%$	2
	$1.0\% \leqslant R_e < 2.0\%$	4
	$2.0\% \leqslant R_e < 3.0\%$	6
	$3.0\% \leqslant R_e < 4.0\%$	8
	$R_e \geqslant 4.0\%$	10

典型案例　深圳建筑科学研究院大楼

（深圳建筑科学研究院设计作品）

建筑科学研究院大楼光伏幕墙示意

深圳建筑科学研究院大楼位于深圳市福田区，定位为本土、低耗、可推广的绿色办公大楼。建筑主体层数为地上12层，建筑面积13886.19m²，地下2层，建筑面积约4283m²。

在大楼的西立面和部分南立面采用了太阳能光伏玻璃幕墙，安装面积约620m²；安装容量20kW；年发电量约10000kWh。幕墙既可发电又可作为遮阳设施减少西晒辐射得热，提高西面房间热舒适度；背面聚集的多余热量利用通道的热压被抽向高空排放。

[设计要点]

P1-3-1_2 生物资源

（1）应调查场地内的植物资源，保护和利用场地原有植被，对古树名木采取保护措施，维持或恢复场地植物多样性。

（2）应调查场地和周边地区的动物资源分布及动物活动规律，规划有利于动物跨越迁徙的生态走廊。

（3）应保护原有湿地，可根据生态要求和场地特征规划新的湿地。

（4）应采取措施，恢复或补偿场地和周边地区原有生物生存的条件。

关键措施与指标

（1）生物多样性指标。

（2）物种资源数量。

典型案例　深圳大梅沙万科中心

（斯蒂文·霍尔建筑师事务所设计作品）

相关规范与研究

《绿色生态城区评价标准》GB/T 51255—2017中条文5.2.1规定，实施生物多样性保护，评分总分值为10分，并按下列规则分别评分并累计：

1）综合物种指数达到0.50，得1分；到达0.60，得3分；达到0.70，得5分。

2）本地木本植物指数达到0.60，得1分；达到0.70，得3分；达到0.90，得5分。

深圳万科中心在设计及施工过程中，充分考虑和利用生物资源，例如：尽量使用本地材料，减少材料运送过程中的能源消耗；使用回收修复或再用的材料产品和装饰材料，降低对新材料的需求、减少废弃物的产生，同时降低建筑成本、节约能源并减少新材料生产过程所产生的环境影响；减少对不可再生材料的使用，施工中采用大量可再生材料。

案例资料来源：斯蒂文·霍尔，李虎等. 万科中心水平摩天大楼［J］. 城市环境设计. 2013（06）:115.

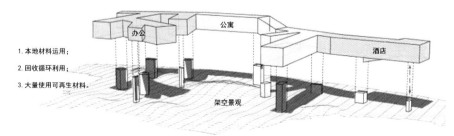

万科中心体量及功能分析

[目的]

场地环境包括地质地貌、水环境、原生植被等，在场地设计中应该充分利用环境，保护环境。

[设计控制]

对可利用的自然资源进行勘查，包括地形、地貌和地表水体、水系以及雨水资源。对自然资源的分布状况、利用和改造方式进行技术经济评价，为充分利用自然资源提供依据。

[设计要点]

P1-3-2_1 地质地貌

（1）规划设计应该尽可能减少对场地的破坏。由于场地原有生态环境经过长时间的自然演变后会存在着一定的生态平衡关系，而且这种平衡往往是脆弱且不可逆的。对原环境的适度保留无疑是减少对生态影响的最好方法。但建设项目的进入无疑会对这种平衡产生影响。规划设计应努力降低其负面影响，并采取措施进行生态补偿，以最大限度减少建设项目对环境的影响。

（2）宜保持和利用原有地形、地貌，当需要进行地形改造时，应采取合理的改良措施，保护和提高土地的生态价值。

（3）应调查场地内表层土壤质量，妥善回收、保存和利用无污染的表层土。

关键措施与指标

工程地质条件：包括地形地貌、地层岩性、地质构造、地震、水文地质、天然建筑材料等。

相关规范与研究

《绿色生态城区评价标准》GB/T 51255—2017中条文5.2.7规定，城区建设用地内无土壤污染，评价总分值为5分，并按下列规则分别评分：

1）规划设计阶段，完成土壤污染环境调查评估，得3分；对存在污染土壤制定治理方案或场地无污染土壤，得5分。

2）运营管理阶段，完成土壤治理并达标，或土壤无污染，得5分。

典型案例 深圳茅洲河水文教育展示馆

（同济大学建筑设计研究院设计作品）

茅洲河水文教育展示馆，建筑顺应基地的轮廓和高差，从城市一侧向河面自然而然地逐渐隆起形成三角形"绿丘"。南面向水面打开形成"透明"的观景界面，其覆土的建筑形式之下便是水文教育展示及市民休闲的空间。

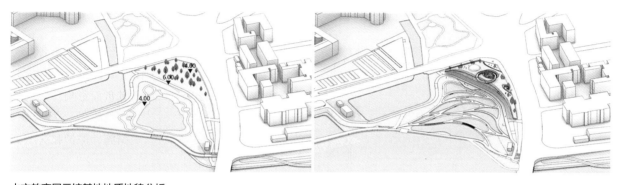

水文教育展示馆基地地质地貌分析
案例资料来源：https://www.gooood.cn/river-ring-china-by-tjad.htm.

[设计要点]

P1-3-2_2 场地水环境

建设场地应避免靠近水源保护区。在条件许可时，恢复场地原有河道的形态和功能。场地开发不能破坏场地与周边原有水系的关系，保护区域生态环境。

关键措施与指标

工程水文条件：水文地质特征、地下水类型、水质物理化学指标等。

相关规范与研究

（1）《绿色建筑评价标准》GB/T 50378—2019中条文8.2.2规定，规划场地地表和屋面雨水径流，对场地雨水实施外排总量控制，评价总分值为10分。场地年径流总量控制率达到55%，得5分；达到70%，得10分。

（2）《绿色生态城区评价标准》GB/T 51255—2017中条文5.2.8规定，区域内地表水环境质量达到批准执行的城市水环境质量标准，评价总分为10分。

典型案例 韶关龙归粮所改造

（华南理工大学建筑设计研究院有限公司设计作品）

　　项目总体布局充分尊重了原有的肌理，并对场地环境进行综合整治与提升。沿岸建筑均朝向水景观，顺应水面形态进行驳岸设计，设置滨水广场等开放空间，最大化地适应和优化场地水环境。

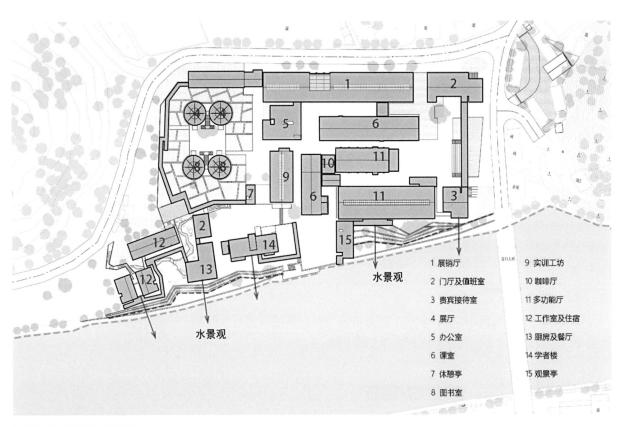

水景观

水景观

1 展销厅　　9 实训工坊
2 门厅及值班室　10 咖啡厅
3 贵宾接待室　11 多功能厅
4 展厅　　12 工作室及住宿
5 办公室　　13 厨房及餐厅
6 课室　　14 学者楼
7 休憩亭　　15 观景亭
8 图书室

龙归粮所改造总体布局分析

[设计要点]

P1-3-2_3 原生植被

在当代城市高密度发展条件下，在生态城市、可持续发展、绿色建筑等语义背景下，建筑绿化提供了将人工建成环境与自然环境相结合的契机，是近年来发展迅速的一个领域。城市绿化设施，包括城市公园、街道种植、绿色走廊、建筑绿化、私人花园等，被认为对于改善城市环境、维持城市生态系统、净化城市土壤、空气质量等均具有至关重要的作用，因此原有植被的利用和保留对于项目来说也非常重要。

（1）调查场地内的植物资源，宜保留和利用场地原有植被，应对古树名木采取保护措施。

（2）调查场地及周边地区的动物资源分布和动物活动规律，应规划有利于动物跨越迁徙的生态走廊。

（3）保护原有湿地，可根据场地特征和生态要求规划新的湿地。

（4）采取措施恢复或补偿场地及周边地区原有的生物生存条件。

相关规范与研究

（1）《绿色生态城区评价标准》中GB/T 51255—2017中条文5.2.3规定，推进节约型绿地建设，评价总分值为10分：①制定相关的鼓励政策、技术措施和实施办法，得2分；②节约型绿地建设率达到60%，得5分；达到70%，得6分；达到80%，得8分。

（2）《绿色建筑评价标准》GB/T 50378—2019中条文8.2.1规定，建筑充分保护或修复场地生态环境，合理布局建筑及景观，评价总分值为10分：①保护场地内原有的自然水域、湿地、植被等，保持场地内的生态系统与场地外生态系统的连贯性，得10分；②采取净地表层土回收利用等生态补偿措施，得10分；③根据场地实际状况，采取其他生态恢复或补偿措施，得10分。

典型案例 深圳市福田区人民小学

（直向建筑设计作品）

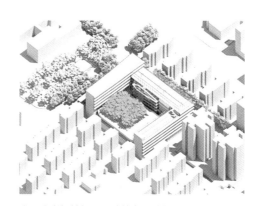

人民小学位于深圳市中心福田区核心地带，周围楼宇密布，场地上现有一片茂密的"小森林"。为了在场地中央最大化保留住这片"小森林"，建筑师选择了占地面积最小的垂直集中型建筑体量，采取三面围合的总平布局。为了减小新建筑的介入对原始场地条件的干扰，教室被沿边设置，围绕"小森林"在东、南、北三个方向展开。

案例资料来源：http://www.vectorarchitects.com/projects/64.

人民小学场地绿化及建筑布局分析

Planning

[目的]

联系场地之外的公共交通资源，承接人流和车流，起到良好的导流和分流效果。

[设计控制]

满足场地设计中关于流线组织及出入口设置的基本需求；对接公共交通资源，起到引流和导流的积极作用；具备消防救灾等基本救灾交通组织，并时刻保持畅通。

[设计要点]

（1）发展多层次绿化交通体系，缓解区域绿地紧张状况，利用一切可利用条件，形成点线面结合、空间层次交通的绿化网络体系。

（2）场地周边自行车道连续且没有障碍物影响车道宽度，车道具有合理的宽度，并与机动车道间设绿化分隔带，形成林荫路，在发挥干线道路两侧非机动车道作用的同时，充分利用支路和小马路，形成区域内部互通，并与外部衔接的非机动车交通网络。快速道路两侧应设置隔声屏障。

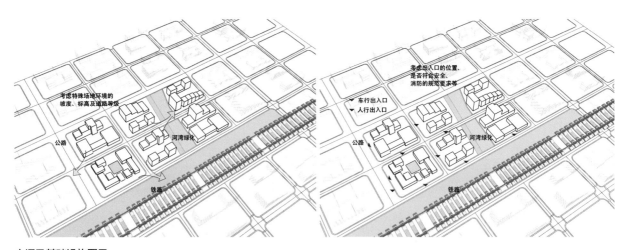

交通及基础设施图示

关键措施与指标

场地出入口：场地需要预留针对公共交通、社会车辆、非机动车的接驳和停靠区域。

1）场地出入口到达公共汽车站的步行距离宜不大于500m，或到达轨道交通站的步行距离不大于800m。

2）场地出入口步行距离800m范围内宜设有2条及以上线路的公共交通站点（含公共汽车站和轨道交通站）。

3）应有便捷的人行通道联系公共交通站点。

相关规范与研究

《绿色建筑评价标准》GB/T 50378—2019条文6.2中关于生活便利的相关内容。

典型案例 华南理工大学国际校区

（华南理工大学建筑设计研究院有限公司设计作品）

在外部交通方面，华南理工大学国际校区将路网与城市道路对位衔接，为开放式校园提供了根本保障。校园规划将对外联系较多、车流量较大的功能，如行政办公、体育场等布置在校园环线外围，结合外围停车场的设置，避免大量车流进入校园核心区。此外，倡导绿色出行，校园外部与公交车站点和地铁站点接驳，方便学生老师的出行。

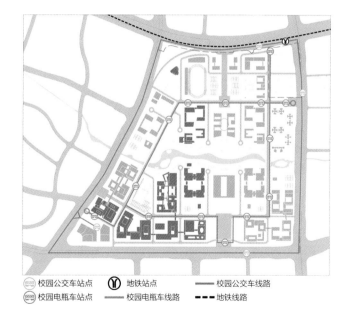

国际校区外部交通组织分析

[设计要点]

P2-1-2_1 出入口

　　利用规划的出入口，根据人车结合点和客流组织的大致布置，进行车辆的组合和车流渠化。在渠化过程中，要充分地考虑车辆对内外部交通的影响，尽量遵循已做好的客流组织方案。

　　（1）外部人流影响：外部人流是通过场地周围的道路和周边的建筑类型体现出来的，通过对道路和周边建筑类型的分析可以大概把握人流的密集程度以及人流方向，场地的出入口应迎合主要人流的方向。

　　（2）内部功能制约：考虑建筑本身内部的功能布局，通过对建筑本身内部条件的分析，选择建筑物出入口的合理位置。

　　（3）城市规划的要求：机动车的出入口要避免人流、车流相混，或者对城市交通产生干扰，留出足够的空间来避开人流或车流对城市道路的影响。

　　（4）周边环境的关系：出入口的选择要与周围的相关人物或道路交通、建筑群或单体建筑联系起来。

关键措施与指标

　　出入口与安全距离：基地机动车出入口位置与大中城市主干道交叉口的距离，自道路红线交叉点量起不应小于70m；距地铁出入口、公共交通站台边缘不应小于15m；地下车库出入口与道路垂直时，出入口与道路红线应保持不小于7.50m的安全距离；地下车库出入口与道路平行时，应经不小于7.50m长的缓冲车道汇入基地道路。

典型案例　华南理工大学国际校区

　　（华南理工大学建筑设计研究院有限公司设计作品）

　　华南理工大学国际校区的校园交通规划进行了内部和外部两个层面的统一考虑及布置。在内部层面：将自行车及步行共用道与自行车与车形共用道进行区分；利用二层的平台空间组织人流，使各主体建筑紧密联系。

相关规范与研究

　　（1）《民用建筑设计统一标准》GB 50352—2019条文6.2.1、6.2.3中关于场地平面布局的相关要求。

　　（2）《无障碍设计规范》GB 50763—2012条文3.3对于无障碍出入口的相关规定。

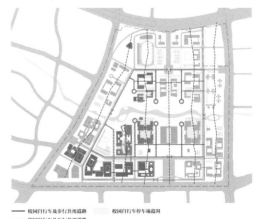

　━━ 校园自行车及步行共用道路　▨ 校园自行车停车场范围
　━━ 校园自行车及车行共用道路

国际校区内部交通组织分析

Planning

[设计要点]

P2-1-2_2 无障碍设计

通行无障碍是我国应用最普遍的无障碍设计策略，其方法不应局限于盲道、坡道和扶手的设置。对于相关设施可以充分利用感官代偿原理。如使用视觉和触觉信息来提示听障人群空间的转换，使用明亮的颜色和充足的光线设计帮助视障人士使用残余视力定位等。

（1）人行道设计：场地尽可能做到人车分流，针对视障人群的感官代偿特征在道路旁种植有香气的植物进行气味导引、立体绿植还能提供"扶手"导向功能，路口处应设置缘石坡道，还可设置无障碍标识和点状盲道进行空间转换的提醒；路面应连续、平整、防滑，主要人行道不应设置为间歇性石板路、汀步或铺设起伏较大的石质道路。

（2）盲道设计：盲道有引导和警示的双重功能。触觉感知可以帮助视障人士进行空间定位和提示行走方向。盲道可以分为两种类型：行进盲道和提示盲道。盲道铺设应该是连续的，道路中应避免出现树木、花池等障碍物；在某种程度上，只要能够遵循边缘理念或形式，例如定向扶手、垂直立体绿化、路缘石、有特殊质感的铺装材料等都可以设置为视障人士的视觉引导。

（3）坡道设计：室外公共空间的无障碍坡道设置应参考我国《无障碍设计规范》GB 50763中的要求，能让轮椅使用者顺畅通过。单向坡道的运用有利于残障人士更平稳地运动，避免由于大角度转弯引起的不便和碰撞。

（4）缘石坡道设计：外道路应在转弯、交叉路口处设置缘石坡道，避免小高差引起的磕碰等安全事故。缘石坡道应注意坡面平整，避免使用容易打滑的铺装材料。

（5）转角设计：室外公共空间建议采用弧形或折线形转角设置，有利于加大感官障碍人士的视觉范围；且场地中应避免设置容易造成磕碰事故的尖角花池。

Planning

关键措施与指标

（1）无障碍出入口：平坡出入口的地面坡度不应大于1：20，当场地条件比较好时，不宜大于1：30。轮椅坡道的净宽度不应小于1.00m，无障碍出入口的轮椅坡道净宽度不应小于1.20m。轮椅坡道起点、终点和中间休息平台的水平长度不应小于1.50m。

（2）行进盲道：行进盲道应与人行道的走向一致，宽度宜为250～500mm，宜在距围墙、花台、绿化带250～500mm处设置，宜在距树池边缘250～500mm处设置；如无树池，行进盲道与路缘石上沿在同一水平面时，距路缘石不应小于500mm。行进盲道比路缘石上沿低时，距路缘石不应小于250mm。盲道的纹路应凸出路面4mm高。

（3）缘石坡道：缘石坡道高于车行道地面不应大于10mm，全宽式单面坡缘石坡道的坡度不应大于1：20，宽度应与人行道宽度相同；三面坡缘石坡道正面及侧面的坡度不应大于1：12，正面坡道宽度不应小于1.20m；其他形式的缘石坡道的坡度均不应大于1：12，坡口宽度均不应小于1.50m。

相关规范与研究

《无障碍设计规范》GB 50763—2012条文4.2对于无障碍设计的相关规定。

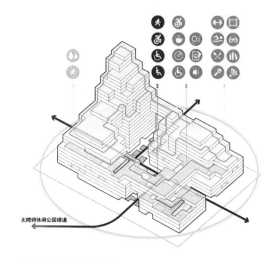

无障碍休闲公园绿道

无障碍休闲绿道分析

典型案例 深圳市创新创业无障碍服务中心

（博埃里建筑设计咨询有限公司设计作品）

该方案以绿色设计、可持续设计以及无障碍智慧设计的理念贯穿始终，在细节中处处体现对人在建筑中活动的安全性、方便性和舒适性的充分考虑。建筑构成良性的无障碍环境生态链，让使用者可根据个人的喜好参与到各种不同的活动中，并寻找到乐趣。在屋顶打造专属的无障碍空中康复花园，使康复者充分感受自然，接触自然。

案例资料来源：深圳工务署

无障碍服务中心街景效果

[目的]

在保证正常功能的前提下，达成健康舒适与环境宜居的建设目标，实现资源配置最大化，节约能源，保护环境。

[设计控制]

（1）通过控制地块尺度、退让预留，维护城市肌理与风貌。

（2）控制建筑间距以达成健康舒适与环境宜居的目标。

（3）进行场地集约利用规划，最大化配置资源。

[设计要点]

P2-2-1_1 地块尺度

随着新城市主义的兴起，"紧凑、混合、多元"成了城市建设的核心；提倡交通与步行相结合的"小街坊、密路网"的模式，创建功能混合、适宜步行、交通高效的城市街区空间。

应规划适宜步行出行的地块尺度，城市新建区由城市支路围合的地块尺度不宜大于200m，旧区改造应通过路网加密、打通道路微循环等措施完善地块合理尺度。

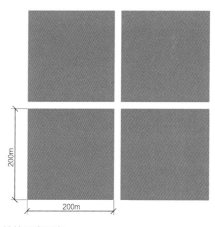

地块尺度示意

关键措施与指标

　　小尺度的街区设计：鼓励人行与自行车交通方式，实现自行车、行人友好的城市尺度。我国目前城市主干路网多采用1000～1200m的间距，次干路300～500m的间距。300～500m是我国的基本街区尺度。在对城市道路网密度进行加密的要求中规定，城市支路的交叉口间距为140～180m。

　　在我国的生态城实践中，曹妃甸国际生态城的街块尺度为220m，中新天津生态城的街块尺度为400m，长辛店生态城的街块尺度为150～200m。

典型案例　**广州琶洲西区城市设计及控规优化**

（华南理工大学、华南理工大学建筑设计研究院有限公司、广州市城市规划设计所设计作品）

相关规范与研究

　　《绿色建筑评价标准》GB/T 50378—2019中条文6.2.3规定，提供便利的公共服务，评价总分值为10分，并按下列规则评分：

　　公共建筑，满足下列要求中的3项，得5分；满足5项，得10分。

　　1）建筑内至少兼容2种面向社会的公共服务功能。

　　2）建筑向社会公众提供开放的公共活动空间。

　　3）电动汽车充电桩的车位数占总车位数的比例不低于10%。

　　4）周边500m范围内设有社会公共停车场（库）。

　　5）场地不封闭或场地内步行公共通道向社会开放。

　　城市绿地、广场及公共运动场地等开敞空间，步行可达，评价总分值为5分，并按下列规则分别评分并累计：

　　1）场地出入口到达城市公园绿地、居住区公园、广场的步行距离不大于300m，得3分。

　　2）到达中型多功能运动场地的步行距离不大于500m，得2分。

　　"琶洲CBD"寸金寸土，因此这里的城市设计目标为"紧凑型CBD"，设计思路为"小街区、密路网"，将进行紧凑、集约、循序渐进的发展。"琶洲CBD"每个街区地块的尺度是80m×120m左右，楼与楼之间的间隔要比珠江新城小得多，将原本的9个地块划分为15个地块进行招商，具有集约性。

琶洲各街区地块总平面图

Planning

[设计要点]

P2-2-1_2 退让和预留

（1）应满足消防、日照、控制性详细规划及现行国家标准《民用建筑设计统一标准》GB 50352的要求。

（2）沿街建筑的退界应遵循相对简洁的统一标准。

（3）在紧贴道路红线的主要商业街道内可以设置连续骑楼或拱廊覆盖人行道。

关键措施与指标

（1）退让距离：退让主干路不宜小于10m，退让次干路与支路不宜小于3m。

（2）贴线率：主要公共空间的贴线率指标不宜低于下表的规定。

	支路、次干路两侧	步行街与公共通道	以休闲活动为主的广场
公共活动中心区	70%	80%	80%
一般地区中的商业和商务功能地区	60%	70%	80%

典型案例 珠海中学规划及建筑设计

（华南理工大学建筑设计研究院有限公司设计作品）

珠海中学分期建设示意

相关规范与研究

《民用建筑设计统一标准》GB 50352—2019中条文4.2.3规定，建筑物与相邻建筑基地及其建筑物的关系应符合下列要求：

1）建筑基地内建筑物的布局应符合控制性详细规划对建筑控制线的规定。

2）建筑物与相邻建筑基地之间应按建筑防火等国家现行相关标准留出空地或道路。

3）当相邻基地的建筑物毗邻建造时，应符合现行国家标准《建筑设计防火规范》GB 50016的有关规定。

4）新建建筑物或构筑物应满足周边建筑物的日照标准。

5）紧贴建筑基地边界建造的建筑物不得向相邻建筑基地方向开设洞口、门、废气排除口及雨水排泄口。

在珠海中学的校园规划设计中，通过以下手段，例如：功能分区界定建筑形式，用地预留应对发展要求，模块叠加扩展建设规模，最终实现校园有机生长，满足不同时间段的办学需求。

Planning

[设计要点]

P2-2-1_3 建筑布局及间距

　　夏热冬暖气候区的规划布局应进行合理的建筑体量布局及间距设计。建筑的布局不宜形成完全封闭的围合空间，宜采用错列式、斜列式、结合地形特点的自由式等排列方式，使建筑群体获得较好的自然通风和日照条件，有利于避暑降湿。避免无风区和涡旋区，以及因高层体量过大引起的风速加剧；面向夏季主导风向的建筑低一些，而面向冬季的高一些，从南向北逐渐升高；南向局部敞开或利用底层架空，形成开口。

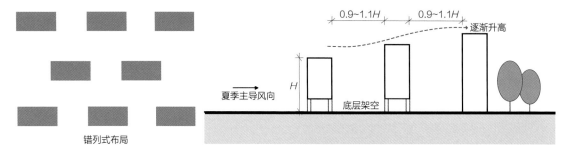

建筑布局及间距示意

关键措施与指标

　　防火间距：民用建筑之间的防火间距不应小于下表的规定。

民用建筑之间的防火间距（m）				
建筑类别	高层民用建筑	裙房和其他民用建筑		
	一、二级	一、二级	三级	四级
高层民用建筑　一、二级	13	9	11	14
裙房和其他民用建筑　一、二级	9	6	7	9
裙房和其他民用建筑　三级	11	7	8	10
裙房和其他民用建筑　四级	14	9	10	12

相关规范与研究

　　（1）《岭南特色超低能耗建筑技术指南》（2019版）规定，在满足建筑间距标准的条件下，单体间距宜控制在0.9 ~ 1.1H（H为主导风上游单体的平均高度），建筑密度宜小于40%。街道朝向与主导风向呈20 ~ 30°夹角。

　　（2）《民用建筑设计统一标准》GB 50352—2019中条文5.1.2规定建筑间距应符合下列要求：

　　1）建筑间距应符合现行国家标准《建筑设计防火规范》GB 50016的规定及当地城市规划要求。

　　2）建筑间距应符合建筑用房天然采光的规定，有日照要求的建筑和场地应符合国家相关日照标准的规定。

典型案例 珠海中学规划及建筑设计

（华南理工大学建筑设计研究院有限公司设计作品）

珠海中学的建筑布局疏松，形成园林化的山水校园格局：校园中心的"智慧谷"核心景观设计，建筑之间围合出多个错落有致的庭院空间，并通过绿色风雨廊道进行连接。

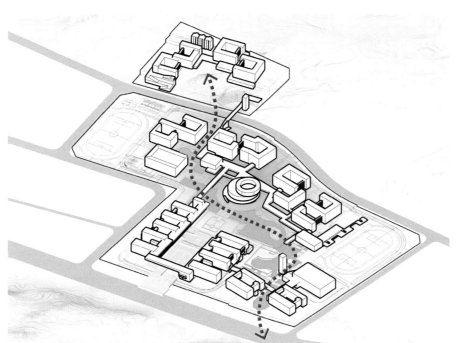

珠海中学布局分析

Planning

[目的]

　　夏热冬暖地区的建筑布局及朝向应在结合地域气候与环境特征的前提下，根据需求合理布置，以达成节约资源、保护环境的目的。

[设计控制]

　　（1）根据气候特点合理调整建筑体量的布局与朝向，减少能源消耗。

　　（2）综合考虑日照、风环境与景观对建筑空间的影响，结合夏热冬暖地区的气候特点做针对性设计，营造健康舒适的室内外环境。

[设计要点]

P2-2-2_1 日照朝向

　　（1）夏热冬暖气候区的规划应充分考虑和利用日照条件，满足规范要求的日照标准，且不降低周边建筑的日照标准。

　　（2）夏热冬暖气候区的规划布局应降低太阳辐射得热的影响，应尽量减少东西朝向的建筑体量或做好遮阳措施。根据太阳的高度角和方位角来布置街巷，利用阴影关系遮挡部分太阳辐射。

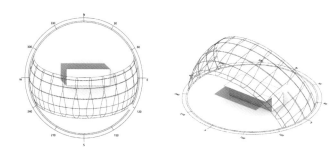

太阳辐射模拟分析

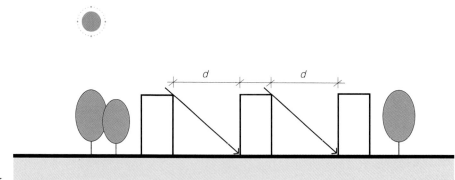

建筑日照与阴影的关系

关键措施与指标

根据《岭南特色超低能耗建筑技术指南》（2019版）：

（1）最佳朝向：根据广州地区的日照条件和风向条件，建筑最佳朝向为南偏东15°、南偏西5°；适宜朝向为南偏东22～30°、南偏西5°至西。

（2）高宽比：建筑和街道高宽比大时，能够遮挡一部分太阳辐射，保证街巷的地面直射得热减少。如岭南民居中的"冷巷"，宽度只有高度的1/10～1/5，一般为0.8～1.5m；公共建筑场地内设置可遮阴避雨的步行连廊，其总长度不少于人行道总长度的20%。

华南理工大学逸夫人文馆实景

 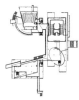

华南理工大学逸夫人文馆平面图

相关规范与研究

按照相应的规范和标准，执行相关条文所对应的日照要求：

（1）《托儿所、幼儿园建筑设计规范》JGJ 39—2016中规定，室外活动场地应有1/2以上的面积在标准建筑日照阴影线之外；托儿所、幼儿园的活动室、寝室及具有相同功能的区域，应布置在当地最好朝向，冬至日底层满窗日照不应小于3h；设置的阳台或室外活动平台不应影响生活用房的日照等。

（2）《中小学校设计规范》GB 50099—2011中规定，中小学校应建设在阳光充足的地段；普通教室冬至日满窗日照不应少于2h；中小学校至少应有1间科学教室或生物实验室的室内能在冬季获得直射阳光等。

（3）《老年人照料设施建筑设计标准》JGJ 450—2018中规定，老年人使用的室外活动场地应保证能获得日照，宜选择在向阳、避风处。居室应具有天然采光和自然通风条件，日照标准不应低于冬至日日照时数2h。

典型案例　华南理工大学逸夫人文馆

（华南理工大学建筑设计研究院有限公司设计作品）

华南理工大学逸夫人文馆总体布局及空间秩序的形成，是对场地秩序的推导和演绎。沿纵向（南北），人文馆置身于校园总体规划南北中轴线关系的控制之下；沿横向（东西），它又处于东、西湖校园生态走廊的中心节点，两套系统的叠合，衍生出人文馆总体有机布局。

Planning

Planning

[设计要点]

P2-2-2_2 风环境影响

（1）夏热冬暖气候区的规划布局应充分利用夏季的主导风向，保证舒适的室外活动空间，营造良好的夏季和过渡季自然通风条件。宜进行场地风环境典型夏季气象条件下的模拟预测，优化规划布局。

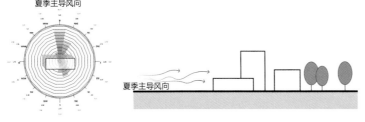

夏季风环境设计示意

（2）在夏季主导风向上应采取前短后长、前疏后密的布局形式，冬季主导风向上封闭设计，以疏导夏季风和阻挡冬季风。沿夏季主导风向宜采用"前低后高""前短后长""前疏后密"的处理方式。

（3）在建筑呈围合和半围合形态时，在主导风向上应留出风口，做到开放式布局，可采取局部断开、退层、架空等形态。当布局呈一字平直排开且建筑体形较长时（超过30m），首层宜采用部分开敞、架空或骑楼结构。

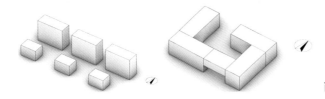

两种建筑组团布局示意

（4）夏热冬暖气候区的规划布局宜避开冬季不利风向，在冬季典型风速和风向条件下降低风速和减少风压差，减少气流对区域微环境和建筑本身的不利影响；宜进行场地风环境典型冬季气象条件下的模拟预测，优化规划布局。

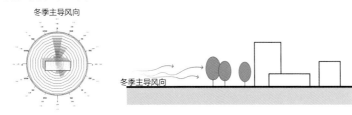

冬季风环境设计示意

关键措施与指标

（1）空间围合度定义指标：描述建筑外部空间形态"围合度"。

（2）外部空间剖面高宽比：指场地中建筑高度和外部空间宽度之间的比率。

（3）平面通透率：指围合场地空间的连续界面周长与空间开口宽度的比率。

（4）天穹可见度：指在建筑场地中1.5m高处天空可视区域相对半球天空的面积比率。

（5）地面升起或下沉的高差：指场地基地面在竖直方向下沉或升起的高度。

（6）外部空间平面包括：围合、半围合、半开敞、开敞四种类型。

外部空间平面类型表

围合	半围合			半开敞		开敞
封闭型			街谷型	限定型	限定型	开敞型
"口"形	U形	L形	II形	I形	·形	开敞

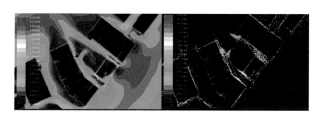

创新中心风环境模拟分析

相关规范与研究

《绿色建筑评价标准》GB/T 50378—2019中条文8.2.8规定，场地内风环境有利于室外行走、活动舒适和建筑的自然通风，此外：

1）过渡季、夏季典型风速和风向条件下，主要道路宜与夏季主导风向成0~30°夹角；建筑物周围人行区域距地面1.5m高处的风速低于5m/s，且室外风速放大系数小于2；夏季典型风速和风向条件下，场地内人活动区不出现涡旋或无风区，或50%以上建筑的可开启外窗表面的风压差大于0.5Pa。

2）在冬季典型风速和风向条件下，建筑物周围人行区域距地面1.5m高处的风速低于5m/s，户外休息区、儿童娱乐区风速小于2m/s，且室外风速放大系数小于2；除迎风第一排建筑外，冬季建筑迎风面与背风面表面风压差不超过5Pa；通过设置防风墙、防风板、防风带（如植物）、微地形等挡风措施来阻隔冬季冷风。

典型案例 华南理工大学国际校区材料基因工程中心

（华南理工大学建筑设计研究院有限公司设计作品）

华南理工大学国际校区材料基因工程创新中心设计，建筑东南向为主要的迎风面，在首层设置两个架空层开口，形成两个通风廊道，改善首层地面活动区域以及室外休息平台的热舒适情况。

Planning

[设计要点]

P2-2-2_3 优化迎风面积比

夏热冬暖气候区的规划布局，需着重考虑通过不同体块的布置以及形体的组织，达到增加迎风面积，促进外部空间通风散热的效果。

迎风面积比，是建筑物在设计风向上的迎风面积与最大可能迎风面积的比值。迎风面积比越大，通风潜力越小。

迎风面积比体现了建筑群对通风的阻挡效应，是一个比较直观的衡量室外通风的设计因子。通过调整建筑体形、建筑间距等设计参数，改变迎风面积比，从而获得良好的室外自然通风效果。

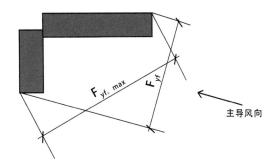

迎风面积比=Fyf/Fyf,max

关键措施与指标

（1）平均迎风面积比：平均迎风面积比（Fyf/Fyf，max）要求不超过0.7。建筑宜迎向当地的主导风向布局，夹角宜控制在15°以内，建筑群体的迎风面密度宜不低于60%，以提高建筑表面风压，形成有效的外部空间通风廊道。

（2）冷巷设计参数：根据相关研究成果，冷巷长高宽比例应大于5：3：1，迎风面积比宜在0.87以下；且冷巷可与天井、庭院相结合，形成风压、热压等的综合作用。

相关规范与研究

《岭南特色超低能耗建筑技术指南》（2019版）规定，应在建筑群体的主导上风向留出开口，形成开放式布局，避免阻挡风的通过路径，而在建筑单体设计上可采用退层、局部挖空等处理手法引导通风。

典型案例 华南理工大学国际校区夏季风速云图

（华南理工大学建筑设计研究院有限公司设计作品）

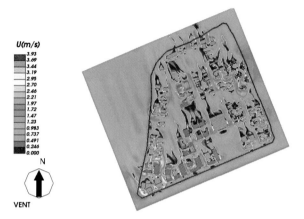

华南理工大学国际校区，各组团采用优化朝向设计、控制单体展开面宽度和引入建筑连廊等设计手法，各组团迎风面积比控制在0.5～0.7，一期整体平均约0.62，最大限度降低大体量单体对室外通风的阻挡。

华南理工大学国际校区夏季风速云图

[设计要点]

P2-2-2_4 控制庭院开口率

夏热冬暖气候区的公共建筑在采取庭院布局时，应采取庭院开口设计，以利于通风，降低外部空间的温度。

庭院开口率表述建筑群在各个方向上的开放（不连续、不围合）特征，表达建筑群通风效果的差异。

四边开口的通风潜力更高，且通风潜力与风向和开口率的关联性均较小。

关键措施与指标

（1）通风潜力：庭院1.5m高处的平均风速V与初始风速V_0的比值。

（2）庭院开口率：洞口宽度与庭院宽度的比。庭院开口分单边开口、双边开口、三边开口和四边开口。在开口率为40%时，以上四种模式下的通风潜力比较接近。

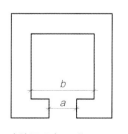
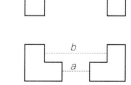

庭院开口率= a/b

典型案例 广州城市规划展览中心

（华南理工大学建筑设计研究院有限公司设计作品）

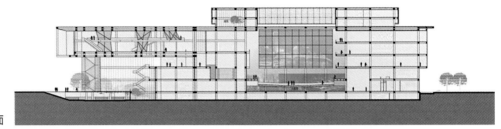

城市规划展览中心剖面

广州市城市规划展览中心利用架空庭院的设计，向山水和城市打开，借景白云山，下方水院与东侧河涌叠水相融，景观廊桥飞架水面之上，形成独具特色、适应性强的市民活动场所。并且形成底层气流通道，是对岭南地域中常见的被动式通风的重新演绎。

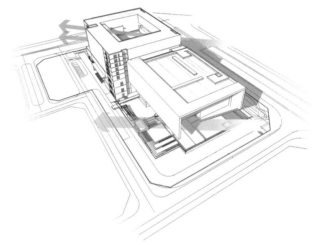

城市规划展览中心庭院设计分析

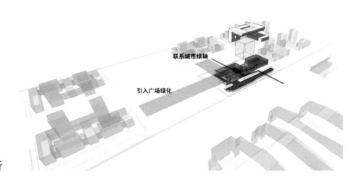

联系城市绿轴

引入广场绿化

城市规划展览中心布局分析

[设计要点]

P2-2-2_5 合理的遮阳覆盖率

夏热冬暖气候区的规划布局，场地范围内硬化地面的遮阳覆盖率应有效且合理，防止场地直接太阳辐射过强，温度过高。

在总体规划时，采取南北向或接近南北向布局，有利于避免夏季日晒，利用自然通风改善室内热环境。各组团间合理间距形成通风流线，局部活动区域架空获得舒适热环境。建筑间距适当，对周边建筑无遮挡，对规划布局中的日照进行模拟分析，使之满足日照要求。

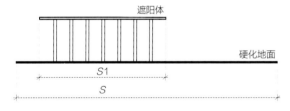

遮阳覆盖率（f）=S1/S×100%

典型案例 晋江会展中心

（华南理工大学建筑设计研究院有限公司设计作品）

晋江会展中心的中廊顶棚造型是整个建筑设计的亮点。顶棚的造型为两条高低起伏、彼此交错的轻盈飘带，展现了晋江作为"海上丝绸之路"起点的文化气质。此外，还能减少阳光、雨水等对下部活动区域的影响，起到遮阳、避雨的功能，从而为在屋顶下的人员通行以及举办各种活动提供便利。

关键措施与指标

遮阳覆盖率：遮阳体正投影面积总和占该场地硬化地面面积的比率（%）。其中，夏热冬暖地区，户外活动场地整体遮阳覆盖率不应小于10%；广场遮阳覆盖率不应小于25%；游憩场地遮阳覆盖率不应小于30%；停车场遮阳覆盖率不应小于30%；人行道遮阳覆盖率不应小于50%。

相关规范与研究

《城市居住区热环境设计标准》JGJ 286—2013中条文4.2.1规定，居住区夏季户外活动场地应有遮阳，遮阳覆盖率不应小于表4.2.1的规定。

居住区活动场地的遮阳覆盖率限值（%） 表4.2.1

场地	建筑气候区	
	Ⅰ、Ⅱ、Ⅵ、Ⅶ	Ⅲ、Ⅳ、Ⅴ
广场	10	25
游憩场	15	30
停车场	15	30
人行道	25	50

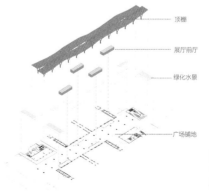

晋江会展中心中廊的顶棚分析

[目的]

城市环境绿化对于城市生态的可持续发展具有十分重要的意义，通过植被配置可以有效净化城市空气、调节城市微气候，进一步提高城市居民的生活质量，从而更好地改善城市生态环境。

[设计控制]

（1）场地绿化景观应适应夏热冬暖地区的气候条件和植物自然分布特点，栽植多种类型的植物，构成乔、灌、草及层间植物相结合的多层次植物群落。通过配置不同高度的植被和灌木等，丰富植物的空间形态，提升植物层次的多样性。

（2）结合夏热冬暖地区气候、土壤等基本条件，遵循因地制宜原则，选择适合当地生长的植物和草种。

（3）选择能够遮挡阳光照射的绿色遮阳植物和功能性植物，避免景观设计功能性考虑的不足。

[设计要点]

P2-3-1_1 植物选择

绿色植物要合理配置种类与数量，发挥景观优美性的同时充分利用功能性。利用绿色植物进行遮阳设计并体现功能性价值，如环境指示、吸附污染、防风尘、防火等，综合改善城市整体生态环境。

（1）绿化遮阳设计

充分利用植物蒸腾作用进行与周围建筑的热交换，形成热交换的缓冲区域，有效地改善居住建筑微气候环境和热舒适性。

遮阳场地树木选择原则：种植高大乔木，为建筑物（停车场、人行道和广场等，如下图所示）提供遮阳，树高应达到20m左右；根据遮阳场地不同方位的需求选取不同树形，如道路两旁乔木应满足高大干直、耐热喜光、冠大荫浓、易移易活、种源丰富等要求。

（2）功能性植物选择

应选择适合夏热冬暖地区的，具有环境污染指示、土壤污染吸附、防风防尘等作用的功能性植物。

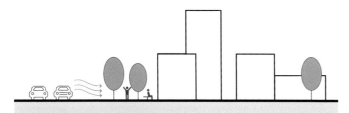

利用功能性植物进行绿化遮阳示意

关键措施与指标

绿容率：场地内各类植被叶面积总量与场地面积的比值，是十分重要的场地生态评价指标。

绿容率指标体系包括三个部分：

第一部分，绿地率及绿化覆盖率——原有的绿地评价指标。

第二部分，绿量、绿量率——衡量绿地本身的生态效益及其绿化水平的指标。

第三部分，将绿色建设与城市规划建设结合起来的绿容率及绿色建设指数。

绿量定义：植物全部叶片的1/2总面积，国际常用单位为：m^2。与国际林业界的叶面积（LA）相对应。

绿容率可采用如下简化计算公式：绿容率＝[∑（乔木叶面积指数×乔木投影面积×乔木株数）＋灌木占地面积×3+草地占地面积×1]/场地面积。冠层稀疏类乔木叶面积指数按2取值，冠层密集类乔木叶面积指数按4取值，乔木投影面积按苗木表数据进行计算，场地内的立体绿化均可纳入计算。

除以上简化计算方法外，鼓励有条件地区采用当地建设主管部门认可的常用植物叶面积调研数据进行绿容率计算；也可提供以实际测量数据为依据的绿容率测量报告，测量时间可为全年叶面积较多的季节。

本条的评价方法为：预评价查阅相关设计文件（绿化种植平面图、苗木表等）、绿容率计算书；评价查阅相关竣工图、绿容率计算书或植被叶面积测量报告、相关证明材料。

相关规范与研究

（1）《绿色建筑评价标准》GB/T 50378—2019中条文9.2.4规定，场地绿容率不低于3.0，评价总分值为5分，并按下列规则评分：

1）场地绿容率计算值不低于3.0，得3分。

2）场地绿容率实测值不低于3.0，得5分。

（2）《广东省绿色建筑设计规范》DBJ/T 15—201—2020中条文10.3.3规定，场地的绿容率不宜低于3.0，条文10.3.4规定，种植适应当地气候无需永久灌溉的植物。

Planning

[设计要点]

P2-3-1_2 立体绿化配比

绿化规划采用集中绿地布置和建筑周边环形绿化带布置相结合，大面积的绿化带可以有效减少城市及展区室外气温逐渐升高和气候干燥的情况，降低热岛效应，调节微气候。室外绿化物种注重选择适宜夏热冬暖地区气候和土壤条件的乡土植物，且采用包含乔、灌木的复层绿化。

夏热冬暖气候区的景观设计利用多层次立体绿化来调节室外微环境。建筑及外部空间应充分利用各种立体绿化形式，提升整体室外空间的绿化率。

立体绿化设计策略主要结合以下位置进行：地面绿化、屋顶绿化、垂直（立面）绿化、绿化平台、空中庭院等（如下图所示）。

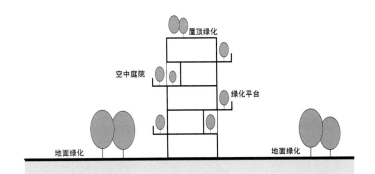

相关规范与研究

《民用建筑绿色设计规范》JGJ/T 229—2010中条文5.4.6中对于场地绿化、植物种类的选择、种植设计等的相关规定，以及《民用建筑绿色设计规范深圳实施细则》中5.4.2场地绿地要求。

建筑立体绿化示意

关键措施与指标

（1）绿化覆盖面积：指城市中乔木、灌木、草坪等所有植被的垂直投影面积。

（2）绿化覆盖率（%）：指绿化垂直投影面积之和与占地面积的百分比。公共设施类绿化覆盖率不宜低于30%，其他类绿化覆盖率不宜低于20%；

（3）绿地率：指各绿化用地总面积占城市建成区总用地面积的比例。对绿地面积的计算要求相对严格。加大绿地率可有效降低环境温度，当绿地率达到30%～35%时可获得较好的空间环境效果。

（4）屋顶绿化面积占屋顶可绿化面积的比例不应小于30%；外墙垂直绿化种植面积不少于2%的屋面面积或垂直绿化种植长度不小于10%的屋面周长。

典型案例 何镜堂院士工作室

（华南理工大学建筑设计研究院有限公司设计作品）

何镜堂院士工作室，原为1930年代老中山大学时期的居住建筑，设计团队将这些老房子逐渐改造成了现在的工作室。体量和占地并不大的工作室内有数个庭院，高低错落，有水池，有廊，还有很多绿化；另外还添加了丰富的现代构成元素，是一个现代的岭南建筑园林。其中利用佛甲草进行可移动式屋顶绿化生态设计，对室内的隔热节能起到一定作用。此外，屋顶绿化植被还具有种植土层薄、自然生长、200天不浇水、灵活性强等优点。

何镜堂院士工作室实景

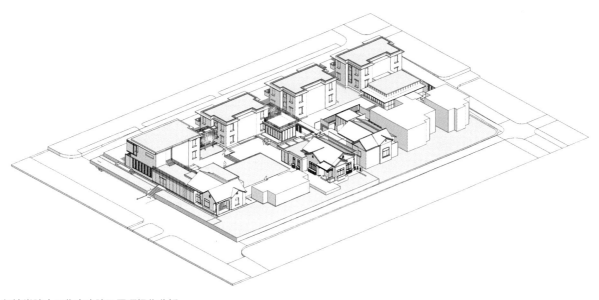

何镜堂院士工作室庭院及屋顶绿化分析

Planning

[目的]

城市内水体组织包括自然水体与人工水景，水体上方凉爽气流向城市内部渗透，对周边环境的空气温度和湿度产生调节作用，缓解城市内部蓄积热量，改善城市微气候，缓解城市"热岛效应"。

夏热冬暖气候区的景观设计应合理地规划雨水径流，与绿色雨水基础设施紧密结合。景观水体生态设计应与雨水收集、人工湿地与中水利用等一体化设计，并进行水量平衡计算。

[设计控制]

（1）对城市原有内部水体（河段、湖泊）进行正向改变，积极提升水环境性能、水资源质量，采用尽量少的人工干预措施获得最优城市气候调节能力。

（2）注意水面组织策略，包括季节风向与周围植被布局，充分利用主导风向对水体蒸发气流的引导和植被对水面热辐射的减弱。

（3）人工水景要充分合理安排流动水景与静止水景布局，最大化调节水流蒸发效应对城市局部微气候的调节。

（4）分时段控制人工水景，夏季增加流动水景（如喷泉）开放时间，以改善炎热的微气候环境；夜晚采用静水方式释放热量，并减少水体蒸发，降低空气湿度。

（5）考虑水体的景观装饰作用，兼顾生态效益及对城市微气候的影响，从深层次探究水体的开放时间、组织方式和可变化的蓄水策略等。

[设计要点]

P2-3-2_1 自然水体

自然水体包括天然海、湖、河流等大容量的水体。利用自然水体的固有特征，采取合适的人工干预措施（下垫面和植被格局合理化），正向改变原有水体，维持城市水环境多样性，建立多样的生物群落，形成完整的城市生态系统，推进水体生态属性的恢复。

关键措施与指标

（1）水体面积：景观水体与自然水体的面积宜达到用地面积的5%。

（2）水体影响范围：水体对环境的影响主要发生在上风岸2km以内和下风岸9km以内，2.5km以内最为明显。

相关规范与研究

（1）《民用建筑绿色设计规范》JGJ/T 229—2010中5.3.1、5.4.6等对于场地资源利用、生态水景设计等的相关规定。

（2）《城市景观湖泊水生态修复及运维技术规程》DBJ/T 15—183—2020中各相关条文的规定。

典型案例 中国（海南）南海博物馆
（华南理工大学建筑设计研究院有限公司设计作品）

简洁的建筑形体，蕴含了从城市道路到海滨的层次丰富的空间格局。与海湾伴生的檐廊灰空间及观海大厅塑造了让人印象深刻的高品质公共空间。

室内与大海的互动：从室内到海岸，经由展厅—观海大厅—开放的特色展厅—檐廊—观海平台—休闲红树林等一系列丰富的空间场所，使参观者在观展及与海水亲近的漫步中有着不同层次的丰富体验。

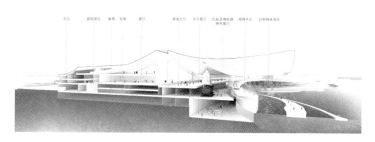

南海博物馆空间格局分析

P2-3-2_2 人工水景

人工水景包括流动水景（如喷泉、水瀑等）和静止水景（如公园池塘、水潭等）。流动水景有利于扩大蒸发面积，提高降温效果；静止水景有利于水体对太阳辐射的吸收，降低局部空气温度的同时减小水体与空气的接触面，避免形成水雾造成空气高湿。

合理设置人工水景，提升建筑品质，减少水景表面反射与太阳辐射，避免设计过大面积的水景设施。分散设计小型流动水景和静止水景相结合的形式。

关键措施与指标

（1）利用景观水体进行雨水调蓄：景观水体面积不宜小于100m²，原则上有效调节深度不小于0.2m，且调节容积应在24～48h内排空。

（2）人工湿地面积：宜大于景观水域面积的5%。

相关规范与研究

（1）《绿色建筑评价标准》GB/T 50378—2019，7.1控制项中条文7.1.7规定，应制定水资源利用方案，统筹利用各种水资源等；以及7.2评分项中的Ⅲ节水与水资源利用。

（2）《广东绿色建筑评价标准》DBJ/T 15–83—2017第6章中关于节水与水资源利用的要求。

Planning

典型案例　**广东以色列理工学院**

（华南理工大学建筑设计研究院有限公司设计作品）

　　设计通过景观水体、立体绿化等方式打造出一个既适应岭南气候又现代创新的研究型绿色校园。建筑形体沿水面逐渐展开，通过架空、平台、连廊、空中花园将景观引入，构成了立体、活跃的研究型校园氛围和空间感受。

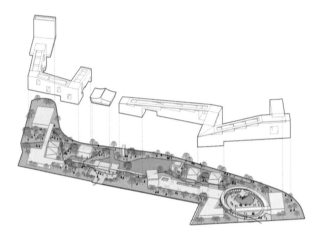

以色列理工学院景观设计分析

[设计要点]

P2-3-2_3　低影响开发

　　夏热冬暖气候区的景观设计应充分利用场地空间，合理设置绿色雨水基础设施，适用于公共建筑的常见低影响开发设施包括透水铺装、雨水花园、下凹式绿地、屋顶雨水断接和雨水调蓄、回用设施。

　　（1）透水铺装：可分为材质透水、结构透水和渗透排水三种形式。人行道、园路、停车场宜采用材质透水形式，广场可选择结构透水和渗透排水形式。

　　（2）雨水花园：场地分散式绿地、小组团绿化及建筑周边角落绿化宜设置雨水花园。下沉高度为200~300mm，并应设100mm的超高，且应设置溢流设施。

　　（3）下凹式绿地：充分利用绿地空间，在集中绿地和主要景观节点中结合场地效果及功能，在地块的汇水低点处设置下凹式绿地。下沉高度为100~200mm，并应设100mm的超高和溢流设施。当绿地率小于20%且绿化分散分布时，宜采用雨水花园；当绿地率大于20%且绿化集中分布时，可在集中绿地内采用下凹式绿地。

　　（4）屋顶雨水断接：屋面雨水可通过排水沟、雨水链、跌水等多种方式收集，引导雨水进入绿化内调蓄或下渗。建筑配套设施屋面可结合场地景观要求，通过多级引流、逐级消纳等方式进行屋面雨水消纳。

　　（5）雨水调蓄、回用：通过初期弃流处理后收集到的屋面雨水可回用于绿化浇灌、道路冲洗、车库冲洗及景观补水等。雨水收集设施根据材质不同主要分为蓄水池和蓄水模块。蓄水池主要包括蓄水空间和调蓄空间，蓄水池既能收集调蓄雨水，还能起到沉淀雨水中杂质的作用。

关键措施与指标

（1）年径流总量控制率：宜为70%～85%，项目所在地有具体依据时，年径流总量控制率应达到规定最低值，部分未出台具体依据的地区年径流总量控制率应达到55%。

（2）景观水体生态设计：应进行水量平衡计算，绘制水量平衡图；景观水体利用雨水的补水量大于其水体蒸发量的60%。

（3）透水铺装：人行道、非机动车道、公共活动场地、露天停车场等应采用透水铺装，且透水铺装比例宜满足海绵城市引导性指标要求；硬质铺装地面中透水铺装面积比例不宜小于50%，不应小于40%，并设置人工补水装置；透水地面坡度以1.5%～2.0%为宜。

（4）调蓄雨水的绿地：下凹式绿地、雨水花园等有调蓄雨水功能的绿地面积之和占绿地面积的30%；暴雨条件下的下凹式绿地需低于路面5～10cm；绿地面积应占汇水面积的10%以上。

相关规范与研究

《广州市海绵城市规划设计导则》《广东省海绵城市建设实施指引》《广东省城市绿地低影响开发技术指引》等一系列相关政策文件中对于海绵城市、低影响开发的条文规定、技术指引、案例图集等。

典型案例 **中国资本市场学院水景观示意**

（华南理工大学建筑设计研究院有限公司设计作品）

深圳市是"海绵城市"的试点城市，中国资本市场学院的校区结合景观、中水回用等功能设计的景观湖，正常容积为4652.88m³，调蓄水深为0.5m，调蓄容积3030.71m³，可满足海绵城市雨水调蓄容积。通过控制景观湖溢流口标高，多余的调蓄容积还可作为平时的中水水源储存。除设置雨水调蓄来削减洪峰之外，雨水排水还采用了雨水渗透排放一体化系统，通过设置下渗雨水井、雨水管等，在雨水转输的同时，可经下渗系统排放雨水。

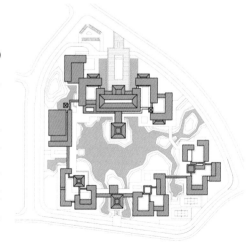

中国资本市场学院总平面

[目的]

城市开放空间微观上会影响人们的热舒适性，宏观上关系到城市表面对于太阳辐射热的吸收水平。利用城市居民日常和社会生活公共使用的室内外空间、广场、绿地和街道设计，改变城市通风效果及日照条件和空气温度，调节城市局部空间的微气候和生态气候。

[设计控制]

（1）开放空间以遮阳、避雨、防风为最主要的气候作用，为户外活动的人们遮蔽不利气候，采用不同的公园、广场的围合界面、绿化布局和水体组织设计。

（2）广场等核心开放空间应考虑采光问题和绿化布局，同时应基于夏热冬暖地区城市气候进行适应性景观环境设计。

（3）街道空间除考虑交通和景观环境外，还应考虑街道内部空间的小气候环境创造（遮阳避雨），考虑城市街道对不同风向的气流产生，如"狭管效应、回旋气流、风影效应"等不同的流场形态效果，综合考虑通风效果和冬夏不同季节的日照条件。

[设计要点]

P2-3-3_1 室外公共空间

城市室外公共空间的日照条件和风环境，既会对周围建筑物产生采光、通风等的影响，还关系到公共空间中活动的人们的热舒适性，甚至在更大的尺度上关系到城市表面对于太阳辐射热的吸收水平。绿化集中的区域在夏季温度明显低于其他地区，绿化和水面作为街道、公园和广场空间中的重要景观要素，影响城市日照水平、通风条件和空气温度。

（1）步行街道的设计中通过骑楼、架空、遮阳棚等方式可以有效扩大遮阳面积，改善骑楼、柱廊内的气候舒适性。

（2）公园、广场设计：考虑围合界面、绿化布局、水体组织对城市风导向与日照的影响，并与街道景观相协调，体现城市人文艺术特点。

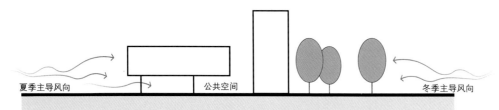

夏季主导风向　　　　　公共空间　　　　　冬季主导风向

公共空间与主导风向的
关系示意

关键措施与指标

（1）街道朝向和高宽比：街道方向与风向一致的情况下，街道高宽比（*H*/*W*）越小，即街道断面越宽敞，气流所遇到的街道边建筑的阻碍越少，因此增强了街道的通风效果，有利于缓解热岛效应。

街道尺度对街道的遮阳效果具有较大影响，在街道布置为南—北向或东南—西北向的情况下，街道高宽比为3：1时，街道遮阳效果较好，街道表面温度保持在较低的水平。

（2）绿地广场面积比率：广场等城市公共空间界面宜设置绿化围墙或空透围墙，广场的集中成片绿地应为开放式绿地，且不小于广场总面积的25%；车站、码头、机场等设施的集散广场，集中成片绿地应不小于广场总面积的10%。

相关规范与研究

《民用建筑绿色性能计算标准》JGJ/T 449—2018中条文4.1.1规定，室外物理环境性能应包括室外风环境、热岛强度、环境噪声、日照和室外幕墙光污染等内容，其计算应符合国家现行有关设计和评价标准的要求。

典型案例 **广州"海心桥"人行景观桥**
（华南理工大学建筑设计研究院有限公司设计作品）

珠江两岸人行景观桥项目通过步行桥的连接，增加步行人流，使珠江南北两岸融为一体，成为串联各景观节点的纽带，极大地丰富了室外公共空间。桥的形态吸取曲水、广州水上花市、岭南古琴等具有岭南文化代表性意义的形象融入设计当中，通过意象提取、形式转化、形态演绎等现代建筑手法的表达形成桥梁整体造型。

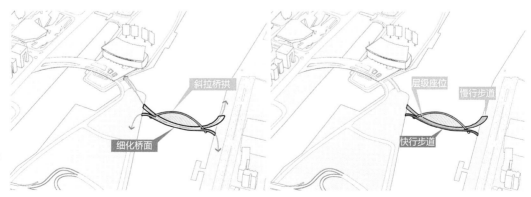

人行景观桥形态与公共空间关系分析

Planning

[设计要点]

P2-3-3_2 功能性构筑物

　　夏热冬暖地区构筑物可结合绿化进行布置，在构筑物的顶部、立面等多部位布置立体绿化，以改善局地微气候，丰富景观层次。室外场地宜设置防风林、绿篱等构筑物防止风害，植物选择杉树等抗台风树种。景观设计应有利于场地自然通风，减少对气流的阻碍，以合理的绿化组织和景观元素来优化场地与建筑的通风条件。

　　（1）采用墙、亭、台、廊等透空形式的景观元素，夏季既可以自然通风，又可以通过绿荫遮挡太阳辐射，增强室外热舒适度。

　　（2）集中式地面绿化应置于夏季主导风向的上风向，或将集中式地面绿化置于建筑（群）向心位置。

　　（3）外围绿化应满足建筑及场地的遮阳、降温、降噪需求，并组织通风。

关键措施与指标

　　（1）户外活动场地遮阳面积：户外活动场地遮阳面积=乔木遮阴面积+构筑物遮阴面积-建筑日照投影区内乔木与构筑物的遮阴面积。

　　（2）室外视线分析：公共建筑主要功能空间都能看到室外，没有构筑物或周边建筑物造成明显的遮挡，若距楼地面垂直距离1.2m处主要功能房间90%以上的面积视线可见室外即可满足要求。

相关规范与研究

　　（1）《广州市绿色建筑设计与审查指南》中景观设计部分的内容，如室外景观设计文件应包括室外景观总平面图、乔木种植平面图、构筑物设计详图（需含构筑物投影面积值）、屋面做法详图及道路铺装详图。

　　（2）《深圳市绿色建筑施工图审查要点》中GH-08风环境的相关规定，计算模型应考虑周边建筑对分析对象的影响，应包括项目周边100m内的构筑物、山体等会对场地风环境产生影响的物体；GH-09热岛强度：审查绿化总图、种植平面图、构筑物设计详图（需含构筑物投影面积值）等。

典型案例 韶关龙归粮所改造

（华南理工大学建筑设计研究院有限公司设计作品）

项目总体布局充分尊重了原有的肌理，并对场地环境进行综合整治与提升。场地西部的核心空间是圆仓广场，由原有的4栋浅圆仓围合而成。圆仓为砌体结构，室内净高超过8m，目前南侧两栋圆仓作为社区图书馆。圆仓穹顶在加固时采用混凝土重新浇筑，于是在穹顶中间设计一个圆形天窗，漫射光从此进入，营造出静谧舒适的阅读环境。圆仓广场的景观设计通过种植大片的小麦营造出田野的意境。

龙归粮所改造圆仓实景

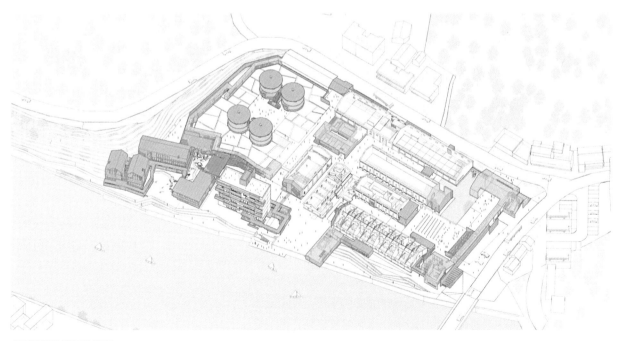

龙归粮所改造圆仓设计

Planning

B 建筑设计
Building

  建筑设计部分，通过对建筑设计的考虑因素，根据设计步骤，建筑师在不同阶段对绿色建筑设计的方法与策略，建筑师应透过对不同因素的不同性质条件，选择应对气候最适宜的设计手段进行组合、整合，形成全方位、全周期、合理高效的绿色建筑设计方案。

  B1功能。此部分是对建筑功能及性能的分类，在满足功能前提下拓展其功能附加价值，以使用者行为需求为主导，创造人性化、绿色健康的生活理念，同时减少建筑能耗实现生态节能。

  B2空间。此部分是在空间功能前提下，基于空间的量、形、质，对单一空间的不同性能利用和优化，选择适合的应对气候策略进行空间的组织组合，赋予空间更灵活的拓展能力，创造可变能耗空间，达到应对气候空间节能的绿色设计目的。

  B3形体。此部分是在建筑几何、体量、方位形式上融入绿色设计策略后，气候赋予建筑的形体生成。这种形体生成是生态的、非形式化和装饰化的，是对周边环境更包容、友好的生态美学形态。

  B4界面。此部分是在建筑内外界面上，对具有气候性能的界面元素进行性能优化，包括运用绿色科技的设计手法，界面元素通过对气候的吸纳、过滤、传导、阻隔，降低建筑能耗，调节舒适度。

B1　**功能（性能分类与拓展）**

　　B1-1　功能分类与性能　　　　　　　084

　　B1-2　功能策划与拓展　　　　　　　086

B2　**空间（空间与资源交互）**

　　B2-1　空间组织与组合　　　　　　　091

　　B2-2　单一空间设计　　　　　　　　100

　　B2-3　空间弹性设计　　　　　　　　109

B3　**形体（气候赋形）**

　　B3-1　几何　　　　　　　　　　　　111

　　B3-2　体量　　　　　　　　　　　　115

　　B3-3　方位　　　　　　　　　　　　123

B4　**界面（气候性能界面）**

　　B4-1　外围护界面　　　　　　　　　128

　　B4-2　内空间界面　　　　　　　　　139

[目的]

绿色建筑设计中常常采用将主要功能空间作为研究对象的方法。在不同建筑空间中，针对各种空间适应性要求需进行功能空间类别分类。

[设计控制]

（1）根据气候适应强度要求差异，可将公共建筑空间分为三类。相对高性能空间：长期固定人员使用空间以及对温湿度要求较高的设备用房；普通性能空间：非长期固定人员使用空间；低性能空间：储藏交通等服务空间和低性能的设备机房。例如办公建筑中，对办公室的气候适应性要求较高，对会议室的要求较低，走道楼梯间次之；在校园建筑中，对教室的气候适应性要求较高，对办公室要求较低，卫生间次之。

（2）在依据气候适应强度分类后的建筑功能空间种类下，结合实际项目的具体策划要求，合理安排不同的主要功能空间组合，从而形成在气候适应性角度下的建筑功能合理化。

[设计要点]

（1）强调人性化，以使用者需要为根本设计出发点。在综合性公共建筑绿色设计中，要充分考虑使用者需求。不仅在主要功能空间分类，在功能空间合理布局中，也应注重人性化设计。结合功能实际需求进行功能策划安排。

（2）提高功能空间可变性，注重结构安全。对多功能的综合性单体建筑往往提倡空间可变设计。在建筑设计时要兼顾建筑使用功能变化及空间变化的适应性，采取提升建筑适变性的措施。但在采取通用开放、灵活可变的使用空间设计时，必须注重建筑结构的安全性，以支持建筑使用功能可变措施。

（3）功能布局合理，充分适应夏热冬暖气候特点。功能布局是整个设计环节的关键，对整体建筑设计质量和水平有重要的影响。在设计公共建筑功能布局时，应解析不同类型的建筑功能特点，依据其对应的功能空间气候适应性要求进行合理组织，以此创建生态化、人性化、功能化的公共建筑空间环境。

[目的]

　　不同朝向、不同使用时间、不同功能需求（人员设备负荷，室内温湿度要求）的区域应考虑供暖、空调的分区，否则既增加后期运行调控的难度，也带来能源的浪费。

[设计控制]

　　（1）应区分房间的朝向，细分供暖、空调区域，并应对系统进行分区控制；应根据建筑空间功能设置分区温度，合理降低室内过渡区空间的温度设定标准。

　　（2）主要功能房间的照明功率密度值不应高于现行国家标准《建筑照明设计标准》GB 50034规定值；公共区域的照明系统应采用分区、定时、感应等节能控制；采光区域的照明控制应独立于其他区域的照明控制。

　　（3）对于公共区域（包括走廊、楼梯间、大堂、门厅、地下停车场等场所）可采取分区、定时、感应等节能控制措施。如楼梯间采取声、光控或人体感应控制；走廊、地下车库可采用定时或其他的集中控制方式。

[设计要点]

　　（1）温度分区：本条要求建筑应结合不同的行为特点和功能要求合理区分设定室内温度标准。在保证使用舒适度的前提下，合理设置少用能、不用能空间，减少用能时间，缩小用能空间，通过建筑空间设计达到节能效果。

　　（2）照明分区：在建筑的实际运行过程中，照明系统的分区控制、定时控制、自动感应开关、照度调节等措施对降低照明能耗作用很明显。照明系统分区需满足自然光利用、功能和作息差异的要求。

　　（3）设备分区：与建筑功能或空间变化相适应的设备设施布置方式或控制方式，既能够提升室内空间的弹性利用，也能够提高建筑使用时的灵活度。比如家具、电器与隔墙相结合，满足不同分隔空间的使用需求；或采用智能控制手段，实现设备设施的升降、移动、隐藏等功能，满足某一空间的多样化使用需求；还可以采用可拆分构件或模块化布置方式，实现同一构件在不同需求下的功能互换，或同一构件在不同空间的功能复制。

相关规范与研究

　　《绿色建筑评价标准》GB/T 50378—2019中规定，应采用与建筑功能和空间变化相适应的设备设施布置方式或控制方式。

Building

[目的]

　　在大型公共建筑的运行过程中，用户和物业管理人员的意识与行为直接影响绿色建筑的目标实现。因此需要建筑师在功能策划中引入绿色设计理念，注重行为引导设计来鼓励绿色行为。同时需要坚持倡导绿色理念与绿色生活方式的教育宣传制度，培训各类人员正确使用绿色设施，形成良好的绿色行为与风气。

[设计控制]

　　（1）设计中提倡亲自然设计，在室内外均提供与自然接触的机会。

　　（2）提供步行、骑行友好的道路设计，通过绿色出行可以便利连接到周边的各类服务设施；为运动通勤人员提供便利的设施，例如自行车存放设施、更衣室、淋浴设施等，鼓励人们绿色出行。

　　（3）通过张贴"公共场合请勿吸烟"及"请节约用水"等标语或者设置分类垃圾桶等设施来引导人们绿色节能的生活习惯。在设计中引进自然通风及自然采光来引导人们减少空调和人工照明的能耗。空间设计中改善疏散楼梯间、地下室、屋顶等被漠视的消极空间的环境质量，挖掘它们的潜在价值以达到节地、节能等效果。

[设计要点]

`B1-2-1_1` 绿色出行

　　（1）人行及骑行环境设计：设计安全无障碍的人行道及自行车道，对于机动车车道限速超过15km/h的路段，需要在道路设置物理缓冲区，保障行人安全；对于机动车道限速超过30km/h的路段，需要设置专用保护的自行车道。街边有零售店面的和功能混合使用的人行道宽度至少3m，其他人行道宽度至少1.5m。单行自行车道宽度至少1.5m，双行车道宽度至少2.5m。为人行道和自行车道提供树木遮阴，提供一个更舒适的室外环境。

　　（2）道路的连接性：项目周边的步行通道完整，项目出入口紧邻骑行路网，能连接周边多种服务设施；场地附近设有公共交通站点，能提供多条公交线路，能为建筑使用人员提供方便。

　　（3）基础设施：为运动通勤人员考虑设置储物柜及淋浴设施，为骑行通勤人员提供自行车维护的基本工具及数量充足的自行车位。

Building

B1-2-1_2　亲自然设计

　　将亲自然的元素（例如盆栽植物、植物墙、木构结构、木构家具、木地板、水景等）与设计结合，应用在室内环境设计中，确保在工位及座位上的室内人员的直接视野范围内有亲自然的设计元素。亲近植物和其他自然元素有助于降低舒张压、抑郁和焦虑的水平，能更好地摆脱工作压力和疾病，增强心理健康，提高工作效率和工作环境满意度。

B1-2-1_3　行为引导

　　（1）节水：通过设置适当的阶梯水费及分项计量方式让用户清楚自身用水情况，从而引导用户在以后用水过程中有意识地去做到"开源节流"。

　　（2）节能：在电梯的设置上采用隔层停靠等方式，并通过合理设计增加疏散楼梯等区域的竖向交通区域的趣味性，引导人们回归到步行上下的方式。

关键措施与指标

　　（1）道路遮阴比例：为至少40%的人行道和自行车道提供树木遮阴。

　　（2）连接性：项目周边的步行通道完整，项目出入口挨着骑行路网，能连接周边多种服务设施；场地附近设有公共交通站点，能提供多条公交线路，能为建筑使用人员提供方便。

　　（3）自行车位数量：提供至少可供5%住户使用的长期自行车位和2.5%高峰访客可用的短期自行车位。

相关规范与研究

　　美国LEED提倡在交通便利区域，鼓励在一定程度上减少机动车停车位的布置，增设合伙用车停车位，引导人们更多乘用公共交通或者拼车出行，既可以缓解交通的拥堵，节省土地资源，同时也节省停车位建设的成本。

Building

相关规范与研究

《绿色建筑评价标准》GB/T 50378—2019中规定，按使用用途、付费或管理单元情况分别设置用水计量装置，可以统计各种用水部门的用水量和分析渗漏水量，达到持续改进节水管理的目的；同时，也可以据此施行计量收费，或节水绩效考核，促进行为节水。

典型案例　深圳建科大楼

（深圳市建筑科学研究院股份有限公司设计作品）

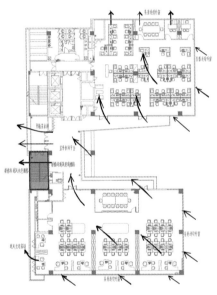

该项目疏散楼梯采用对外敞开设计，以通透的遮阳架阻挡西晒，沿途还不时布置小型的展览和绿植。内部使用人员非常乐意回归到步行上下楼的方式，楼梯作为公共空间的价值得以重现。该项目通过行为引导，有效降低了电梯使用频率。

深圳建科大楼开敞楼梯间分析

Building

[目的]

公共建筑的多重功能复合性特点要求其满足功能增值的需求。新型绿色公共建筑在设计前期应充分考虑到全寿命周期内建筑功能的拓展属性。

[设计控制]

（1）建筑内至少兼容2种面向社会的公共服务功能，建筑向社会公众提供开放的公共活动空间，场地不封闭或场地内步行公共通道向社会开放。建筑周边500m范围内设有社会公共停车场，其中电动汽车充电桩的车位数占总车位数的比例不低10%。

（2）通过利用建筑空间和结构潜力，使建筑空间和功能适应使用者需求的变化，在适应当前需求的同时，使建筑具有更大的弹性以应对变化，以此获得更长的使用寿命。

[设计要点]

B1-2-2_1 弹性功能拓展

随着社会和技术的进步，人们对建筑的需求不断提升。若建筑不能满足使用需求的变化，很大可能将以被改造或拆除告终，成为"短命"建筑。建筑适变性包括建筑的适应性和可变性。适应性是指使用功能和空间的变化潜力，可变性是指结构和空间上的形态变化。如采用大开间和大进深结构方案、灵活布置内隔墙等措施来提升建筑适变性，减少室内空间重新布置时对建筑构件的破坏，延长建筑使用寿命。

B1-2-2_2 鼓励健康设计

（1）休闲健身空间：为建筑居住者提供休闲的健身空间，例如室内的羽毛球馆、游泳馆或健身房，室外的篮球场、健身步道等。

（2）室内环境质量：不同功能区域的温度、湿度、新风量等设计参数应符合现行国家标准《民用建筑供暖季空调通风与空气调节设计规范》GB 50736的有关规定，以满足不同功能区内的热湿环境舒适性；主要功能房间设置现场独立控制的热环境调节装置；设置空气净化系统，控制室内空气污染物浓度，室内空气污染浓度应符合现行国家标准的有关规定；室内设置空气质量监测系统，监测室内PM2.5、PM10、CO_2浓度，对室内空气质量监测数据能实现超标警示；厨房、餐厅、卫生间、打印复印室、地下车库等区域内应设置隔断及排风系统，避免污染物进入其他空间。

关键措施与指标

健身空间面积：室外健身场地面积不少于总用地面积的0.5%；室内健身面积不少于地上建筑面积的0.3%，且不小于$60m^2$；设置宽度不小于1.25m的专用健身慢行道，慢行道长度不小于用地红线周长的1/4，且不小于100m。

相关规范与研究

《广州市绿色建筑设计与审查指南（2019版）》鼓励采取措施提升建筑适变性，有利于使用空间功能转换和改造再利用。

B1-2-2_3 功能开放共享

公共服务功能开放是指主要服务功能在建筑内部混合布局，如建筑中设有共用的会议设施、展览设施、健身设施、餐饮设施等，以及交往空间、休息空间等，提供休息座位、家属室、母婴室、活动室等人员停留、沟通交流、聚集活动等与建筑主要使用功能相适应的公共空间。公共服务功能设施向社会开放共享的方式也具有多种形式，可以全时开放，也可根据自身使用情况错时开放。例如文化活动中心、图书馆、体育运动场、体育馆等，通过科学管理错时向社会公众开放；办公建筑的室外场地、停车库等在非办公时间向周边居民开放，会议室向社会开放等。

关键措施与指标

共享空间数量：项目至少有两个对外开放的共享空间。

相关规范与研究

《绿色建筑评价标准》GB/T 50378—2019提到绿色建筑要向社会开放。

典型案例 都市实践土楼

（深圳市都市实践设计有限公司设计作品）

该项目通过对土楼社区空间的再创造以适应当代社会的生活意识和节奏。每层楼都有公共活动空间。社区的食堂、商店、旅店、图书室和篮球场为民众提供了便捷的服务。

来源：万科—土楼计划，中国[J]. 世界建筑, 2007（8）: 64-73.

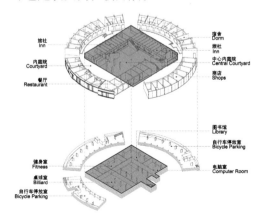

都市实践土楼负一层与一层功能分析

[目的]

　　建筑使用空间从与自然的关系看，可分为室外、室内和室内外过渡空间三种类型。就室内空间而言，根据不同空间使用功能可分为自然气候主导的开放性空间和以人工气候为主的封闭性空间。前者对自然气候要素具有明显的选择性，而后者则往往是排斥性的。夏热冬暖气候区应利用空间特点，合理高效地组织空间来应对气候特点。

[设计控制]

　　在空间组织设计中，控制单一建筑空间在整体布局中的定位、相对位置关系，确保空间的合理分区，优化空间能效表现；控制建筑空间的不同连接方式塑造不同空间组织类型；通过在相应组织类型中的流线优化，提高使用者的热舒适度。

　　（1）夏热冬暖气候区的公共建筑宜将环境敏感度较高的功能空间设置于建筑的外区，其他的空间可减少与外界环境的接触面积。

　　（2）夏热冬暖气候区的公共建筑宜尽可能将有较佳太阳朝向的建筑空间布置为主要使用空间。夏热冬暖气候区较佳的朝向为南偏西30°～南偏东30°。

　　（3）合理布置建筑室内空间，减少建筑空间内部通风方向上的障碍，保持空间内部气路通畅，有利于提高室内平均风速，增强建筑通风散热效果。

[设计要点]

　　空间组织设计应保证空间合理分区，具体指建筑空间在整体布局中定位合理。空间组织设计应合理选择空间连接方式，依据室内物理环境与室外气候的交互作用，合理选择建筑体形布局的集中与分散。空间组织设计应对交通流线进行优化。通过控制交通流线中不同热舒适度空间的连接，在保证空间能效的同时，为空间使用者提供持续舒适的热舒适度体验。

　　空间合理分区设计，一方面是指建筑空间在整体布局中的定位，另一方面是指建筑空间之间的相对位置。通过控制不同大小、不同性能空间的位置与朝向，实现对不同室外气候条件的适宜利用。依据夏热冬暖气候特点，以及功能建筑不同空间功能性能的差异性，根据光、热、风、湿、水等气候要素控制各功能空间在内外区的位置及朝向，以实现不同空间的节能适宜性配置。通高合理配置同一功能或性能空间的区位，实现节能的目标。依据不同地域气候条件差异性，控制同一功能或相同性能空间在建筑中的相对位置关系，同层或分层布置、通高或错层布置，以实现相同空间的节能适宜性配置，其核心出发点在于：

　　（1）小空间应布置于气候边界处，而大空间应尽量位于内区。

　　（2）高性能空间应远离气候边界处，低性能空间应位于气候边界处作为气候缓冲空间。

　　（3）相同或相近性能空间应位于同一层，不同性能空间独立设层。

　　（4）相同功能的多个局部错层小空间比一个通高大空间更节能。

B2-1-1_1 环境敏感度高的空间设于外区

夏热冬暖气候区与室外微气候接触最频繁的就是空间的外部区域。一般情况下外区的定义为距离建筑外围护结构5m范围内的区域。设计中通过建筑空间组织来帮助公共建筑绿色设计，主要可以通过将环境敏感度较高的空间设置于外区，而其他敏感度较低的空间可减少与外界环境的接触面积。能保证大部分的外区空间与室外环境相接，为采光、通风等被动式设计方法提供先决条件。

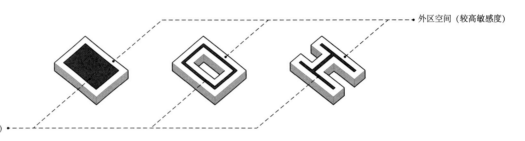

内外区示意

关键措施与指标

外区面积比：外区面积比=外区空间面积/建筑总面积×100%。通过控制外区面积比能有效提高被动式设计的可能性。

相关规范与研究

《广东省绿色建筑评价标准》DBJ/T 15–83—2017提到公共建筑室内主要功能空间至少75%面积比例区域的天然光照度值宜不低于300lx的时数平均不少于4h/d。

相似的研究还包括剑桥大学尼克·贝克与科恩·斯蒂莫斯将被动区定义为距离建筑外墙5.5m内或室内空间净高2倍以内的进深区域，建筑中庭周边则为室内空净高1~1.5倍内的进深区域。外区空间比例越高，建筑与自然环境互动潜力越大，最大限度利用自然环境满足室内舒适度要求的可能性越大。

典型案例 华南理工大学国际校区

（华南理工大学建筑设计研究院有限公司设计作品）

华南理工大学国际校区实验楼外区采光达标率分析

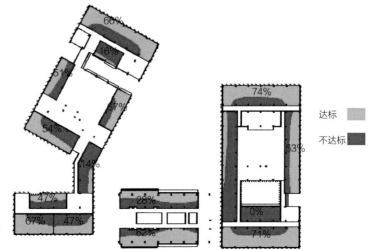

该项目将主要使用空间设于外区，满足
了外区采光达标率。

B2-1-1_2 保持内部气路通畅

在空间组织中，应注重配合建筑平面设计组织自然通风。通过增强通风散热，减少建筑空间内部通风方向上的障碍。在一定的条件下，通过实验计算建筑空间内部平均风速，帮助设计师组织内部气路。在外部风环境与建筑界面一定的情况下，通过实验优化建筑空间布置方案，减少空间内部通风方向上的障碍，提高室内平均风速，改善自然通风条件下室内的热环境。在绿色公共建筑的空间组合中，增加建筑空间透风度，增强通风散热。通过公共建筑内部的空间组合与划分，降低气流通路上的阻碍。同时也可以对不同功能房间保证一定压差，避免气味或污染物进入室内其他空间。如设置机械排风，应保证负压，还应注意其取风口和排风口的位置，避免短路或污染。

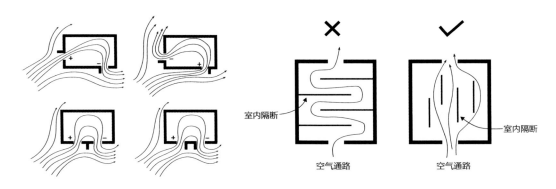

内部气路流通示意

关键措施与指标

（1）气流组织模拟：预评价查阅相关设计文件、气流组织模拟分析报告；评价查阅相关竣工图、气流组织模拟分析报告、相关产品性能检测报告或质量合格证书。

（2）空间透风度：空间透风度=（水平贯通空间体积+垂直贯通空间体积）/建筑总体积×100%（水平贯通空间指进深≤14m贯通空间，垂直贯通空间指层高≥3层标准层高空间）。

相关规范与研究

《绿色建筑评价标准》GB/T 50378—2019规定，避免厨房、餐厅、打印复印室、卫生间、地下车库等区域的空气和污染物进入室内其他空间，为此要保证合理的气流组织，采取合理的排风措施避免污染物扩散，将厨房和卫生间设置于建筑单元（或户型）自然通风的负压侧，防止厨房或卫生间的气味进入室内而影响室内空气质量。

B2-1-1_3 最佳朝向布置尽多空间

　　《公共建筑节能设计标准》GB 50189—2015规定建筑的主朝向宜选择本地区最佳朝向或最适宜朝向。以广州为例，依据日照和风向条件，建筑最佳朝向为南偏东15°、南偏西5°；适宜朝向为南偏东22°～30°、南偏西5°至西。

　　公共建筑设计中应尽可能通过空间组织，在有较佳太阳朝向的方位布置主要使用空间，从而增加主要使用空间较佳太阳朝向比，降低建筑空间得热。较佳朝向的建筑空间得热较少，将主要使用空间布置在较佳朝向，有利于减少主要空间的空调能耗，提升自然通风条件下的热环境。

主要使用空间　　✓　　主要使用空间　　✗　　最佳太阳朝向

朝向布置示意

关键措施与指标

　　主要使用空间较佳太阳朝向比：主要使用空间较佳太阳朝向比＝较佳太阳朝向主要使用空间面积/主要使用空间总面积×100%。

相关规范与研究

　　《绿色建筑评价标准》GB/T 50378—2019提到，室内主要功能空间至少60%面积比例区域的采光照度值不低于采光要求的小时数平均不少于4h/d。当某场所的视觉活动类型与标准中规定的场所相同或相似且未作规定时，应参照相关场所的采光标准值执行。除对主要采光场所外，对于内区和地下空间等采光难度较大的场所统一推进增加天然光的利用，对此类场所，依旧采用采光系数进行评价。

Building

Building

[目的]

建筑空间与室外气候的联系表现为四种不同的基本状态：融入、过渡、选择、排斥。空间组合即是指对这四种状态的建筑空间进行组合，在满足功能使用的前提下，通过融入型空间、过渡型空间的设置，延长过渡季节空间使用长度，以达成节约资源保护环境的目的。夏热冬暖气候区为应对湿热气候的影响，在空间组合中必须加入一些过渡灰空间帮助室内外空气对流，从而提高微气候适应性与热环境舒适性。

[设计控制]

（1）夏热冬暖气候区的公共建筑宜采用开敞式布局，减少内部空间的划分，降低空间气流通路上的阻碍，提升过渡季和空调季的自然通风效果。

（2）夏热冬暖气候区的公共建筑可将交通空间、庭院、辅助空间等对温度没有严格要求的空间作为过渡空间，设置在建筑的外围，减少主要使用空间与室外的直接接触界面，降低太阳辐射对主要使用空间热环境以及空调能耗的影响。宜合理设计过渡空间，在过渡季及一部分空调季替代部分室内空间，通过设计模拟保证过渡空间的风环境和热舒适性在合理区间。

（3）夏热冬暖气候区的公共建筑宜设置开敞式的公共空间，减少空间的围合度。开敞式空间作为热缓冲空间设计来增强建筑的能耗性能。通过设计模拟保证开敞式公共空间的风环境和热舒适性在合理区间，减少空调运行区域，增强建筑通风散热。

[设计要点]

B2-1-2_1　设置开敞式公共空间

夏热冬暖气候区公共建筑在空间组合中，为提高通风散热效率，宜设置开敞式公共空间，可在保证公共空间舒适性的基础上，适量减少空间的围合度，提高公共空间的利用率。针对夏热冬暖炎热潮湿的气候特点，宜因地制宜，创新采用气候适应性技术和被动式空间策略，如强调自然通风、遮阳隔热、形成与庭院结合的开敞空间等。

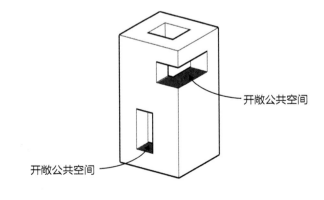

开敞公共空间

开敞公共空间

开敞空间示意

相关规范与研究

　　《广州市健康建筑设计导则》（2019版）提到公共建筑本身可以与大自然、庭院相结合，创新使用传统岭南园林技术，在建筑空间和平面设计中，借鉴岭南空间布局特点，力求开敞、自由、流畅，与自然环境相结合。

典型案例　广东酒店管理职业技术学院图书馆
　　　　　　（华南理工大学建筑设计研究院有限公司
　　　　　　设计作品）

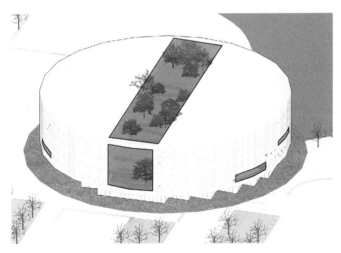

广东酒店管理职业技术学院图书馆开敞空间分析

　　该项目中部形成层叠而上的室外公共活动空间，立面上设置开敞式洞口形成立体园林空间。

Building

B2-1-2_2 设置过渡空间

在空间组合中，为减少主要使用空间得热，减少空调运行区域，需要引入交通空间、庭院、辅助空间等对温度没有严格要求的空间，将之设置为过渡空间，减少主要使用空间与室外的直接接触界面，降低太阳辐射对主要使用空间的影响。其目的是促进建筑外部与内部之间的气候要素交流。

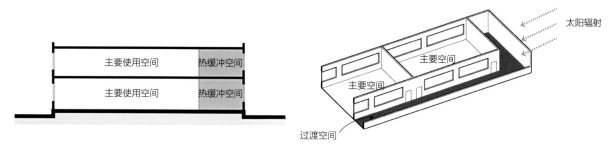

过渡空间示意

公共建筑中的过渡空间主要是指门厅、中庭、高大空间中超出人员活动范围的空间，由于其较少或没有人员停留，可适当降低温度标准，以达到降低供暖空调用能的目的。此外还有一些过渡空间可作为热缓冲空间帮助改善热舒适性，主要包括：外廊、阳台、入口空间、庭院等一系列通过主要功能空间间接获得或去除热量、通过热压增强自然通风的空间。建筑功能中的设备间、储藏间等使用频率较低的低性能空间及人流量较低的交通空间都可以作为热缓冲空间使用。

关键措施与指标

过渡空间面积比：过渡空间面积比=过渡空间面积/总建筑面积×100%。过渡空间面积比宜大于5%。在建筑主要使用空间与其他空间面积一定的情况下，过渡空间面积比越高，意味建筑主要使用空间受保护程度越高，受太阳辐射的直接影响越小。

相关规范与研究

（1）《绿色建筑评价标准》GB/T 50378—2019提到应根据建筑空间功能设置分区温度，合理降低室内过渡区空间的温度设定标准。

（2）《岭南特色超低能耗建筑技术指南》（2020版）提到夏季半开敞空间、大型场馆等人员密集场所，空调系统可配合风扇使用，提升空间设定温度，减少空调运行时间，对于人员短期逗留的空间和区域，空调室内设定温度比主要功能房间提高1~3℃。人员短期逗留空间主要包括车站、地铁站、酒店大厅、入口门厅、电梯厅、走廊等。

典型案例 河源市源城区越王小学

（华南理工大学建筑设计研究院有限公司设计作品）

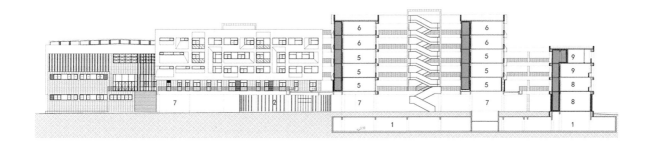

1 地下车库   6 功能场室
2 图书室   7 架空层
3 阶梯教室   8 级组会议室
4 报告厅   9 行政办公
5 普通教室

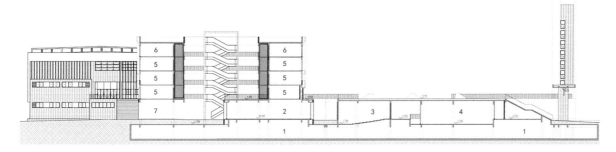

源城区越王小学剖面分析

    该项目在教室外均设置了半室外连廊作为过渡空间，为内部空间提供了一个热缓冲区域。

Building

[目的]

在公共建筑中主要功能空间需要精细安排空间的尺度。在气候适应型绿色公共建筑设计中，通过对空间尺度的合理性设计，影响建筑空间被动采光、被动通风、空间舒适、降温效率等指标，进而达到提高建筑能效的目的。

[设计控制]

（1）通过控制空间尺度增强自然通风。

（2）通过控制空间尺度增强自然采光。

（3）通过控制空间尺度避免眩光。

（4）通过控制空间尺度提高空调效率。

[设计要点]

夏热冬暖气候区的公共建筑进深尺度在绿色设计中主要影响被动通风与自然采光。在绿色建筑的被动通风设计中，最重要的两种方式为风压通风与热压通风。当建筑进深过大时，被动通风效果通常都不理想，因此应考虑通过天井或竖向烟囱的布置，积极利用热压通风来增强被动通风。为保证通风散热和自然采光，需要控制空间进深，避免过大的进深空间。"工"字形、"凹"字形、"一"字形、"T"字形、"L"字形、"C"字形等建筑布局应把进深控制在14m以内，防止建筑进深过大。

空间进深过大，自然采光削弱，会增加照明能耗，因此，当空间进深过深时，宜考虑采用天窗或中庭来辅助加强自然采光。中庭采光时，其高宽比一般控制在3:1左右。视野中由于不适宜的亮度分布，或在空间或时间上存在极端的亮度对比，以致引起视觉不舒适和降低物体可见度的视觉条件被称为眩光。合理设置建筑空间进深，与进光口保持适当的距离，能够有效避免眩光。

若由于条件限制，空间进深不能满足标准，使得单纯依靠自然风压与热压不足以实现自然通风，需要进行自然通风优化设计或创新设计，以保证建筑在过渡季典型工况下评价自然通风换气次数大于2次/h。同时也可以通过开窗采光、设置中庭、辅助采光等方式解决采光问题。

关键措施与指标

（1）采光模拟：夏热冬暖气候区的公共建筑为保证空间自然通风及自然采光效果，宜控制主要使用空间进深，可结合采光模拟计算优化空间的进深。

（2）风压通风：当建筑进深小于14m时，通过在建筑两侧设置通风口等措施协同作用，能够最大强度增强穿堂风，带来风压通风的最好效果。

（3）空间尺度：建筑进深宜小于5倍室内净高，单侧采光或通风，进深宜小于2.5倍室内净高。

相关规范与研究

《岭南特色超低能耗建筑技术指南》（2020版）提到建筑主要功能区域的空间进深不宜大于层高的5倍。

典型案例　广州市城市规划展览中心

（华南理工大学建筑设计研究院有限公司设计作品）

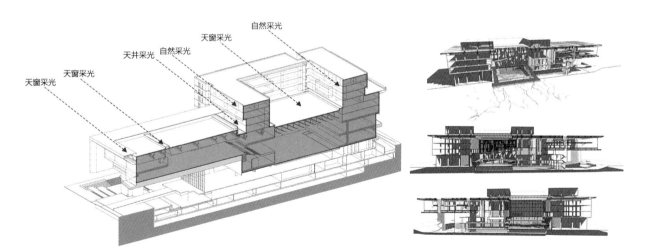

广州市城市规划展览中心剖面分析

该项目主要使用空间分为上层办公区与中层展览区，上层合理控制进深，采用自然进光口，中层大进深空间采用屋面天窗和侧边天井设计手法进行展览空间的采光。

101

Building

[目的]

空间的形指建筑空间的形状，在气候适应型绿色公共建筑设计中，特定空间形状会给空间能耗及舒适度带来显著影响。在应对夏热冬暖气候特点时，为增强通风散热的效果，需要引入一些特殊的空间形态来帮助公共建筑自然通风。

[设计控制]

（1）夏热冬暖气候区的公共建筑体量较大，仅采用外立面开窗难以形成有效通风时，可在建筑中引入通风中庭，中庭顶部宜设置通风天窗等通风构造，促进建筑室内通风。可通过中庭空间植入，进行自然采光，减少大进深建筑照明能耗；通过中庭产生的烟囱效应，依据热压、风压通风原理，达到冬季日间利用温室效应贮热，夏季日间、夜间利用烟囱效应进行自然通风的目的。

（2）夏热冬暖气候区的公共建筑在进行内部空间组织时，在满足一定高宽比条件下，可构建内部拔风井，拔风井顶部设置集热面，增强室内通风，在空调季可利用空调房间的排风改善内部封闭空间的热环境，在保持舒适性的基础上扩大不设置空调的区域范围，降低空调能耗。

[设计要点]

B2-2-2_1 设置垂直拔风井

为增加不设置空调区域面积，减少空调能耗，增强通风散热，可设置垂直拔风井。在一定高宽比空间内，设置拔风井，利用空调房间的排风改善内部封闭空间的热环境，拔风井宜设置在室内气流通畅的位置，集热面周围空气温度明显高于室内平均温度时，可形成有效的拔风效果，促进室内空气流动，改善室内通风环境。其中需注意集热面与竖井截面面积比宜大于一定比例。

拔风井中，室内外温差和进出风口的高差越大，则热压作用越明显。对于室外环境风速不大的地区，烟囱效应所产生的通风效果是改善热舒适度的良好手段。热压式自然通风更能适应常变的和不良的室外风环境。拔风井设置于建筑的向阳面需捕捉太阳辐射且出口应位于负风压区。

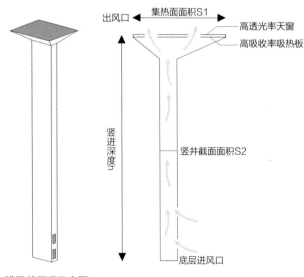

拔风井原理示意图

关键措施与指标

集热面与竖井截面面积比：集热面与竖井截面面积比=集热面面积/竖井截面面积，通过控制集热面与竖井截面面积可提高拔风效果。

相关规范与研究

（1）《岭南特色超低能耗建筑技术指南》（2020版）提到为使空气有效地从屋顶出口排出，需增加辅助通风模式。

（2）《民用建筑热工设计规范》GB 50176—2016中8.2.6条规定，室内通风路径的设计应遵循布置均匀、阻力小的原则，应符合下列要求：可将室内开敞空间、走道、室内房间的门窗、多层的共享空间或者中庭作为室内通风路径。在室内空间设计时宜组织好上述空间，使室内通风路径布置均匀，避免出现通风死角。

典型案例　华南理工大学国际校区

（华南理工大学建筑设计研究院有限公司设计作品）

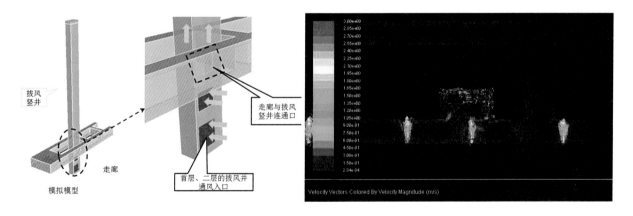

华南理工大学国际校区实验楼拔风井分析

该项目拔风井风速可达1.5m/s以上。首层到顶层压力差可达到45~55Pa，拔风能力显著。

通过实验对比发现，该项目的拔风井指标的适宜区间如下：

（1）热面与竖井面积比：大于10:1，该项目为18:1（212:12），

（2）集热面面积与建筑高度比：大于2:1，该项目为3:1（212:72），

（3）集热面偏心面积比：大于1.5:1，该项目为1.7:1（163:98）。

Building

B2-2-2_2 设置通风中庭

大体量公共建筑需保证良好的自然通风设计，如采用中庭、天井、通风塔、导风墙、外廊、可开启外墙或屋顶、地道风等方式，可以有效改善室内热湿环境和空气品质，提高人体舒适性。通过顶部设置通风天窗等通风构造，加强建筑空间通风散热。大体量的公共建筑通过设置通风中庭、天井，利用热压通风原理，促进室内通风。中庭是烟囱通风原理的另一种体现形态。中庭通风的一个显著优势是，有效地将建筑两侧的空间抽到一个中央点，使有效通风的平面宽度增加一倍。

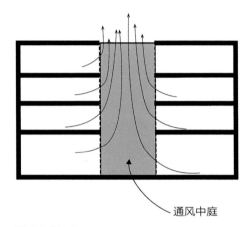

通风中庭

通风中庭示意

通过对中庭空间的体形进行优选，达到夏季通风散热、冬季充分利用太阳辐射的效果，从而降低建筑能耗。中庭作为一个承载着空气介质的庞大载体，使建筑内部产生了气候梯度，合理设置中庭，增加室内气候梯度可以有效应对外界恶劣气候对于建筑内部的影响，外环境可以通过中庭的过渡对建筑内部空间的使用产生影响，这样可以使室内热环境始终保持一个舒适的状态，同时降低了建筑因使用机械设备而消耗的能源。

在中庭空间形态设计中应注意以下几点：

（1）中庭高度设置是利用中庭产生的烟囱效应，依据热压、风压通风原理，达到冬季日间利用温室效应贮热，夏季日间、夜间利用烟囱效应进行自然通风的目的。

（2）中庭空间进深设置，根据热、光、风等气候要素，合理配置空间体量导向下的中庭空间的进深，依据风压原理控制通风，同时利用自然采光，减少照明能耗从而达到降低能耗的目的。

（3）中庭空间面积占比，通过改变中庭空间在建筑中所占比例，改变引入建筑的自然采光、太阳辐射以及通风等，从而改变建筑的照明能耗、采暖能耗以及制冷能耗。

（4）中庭高宽比，高宽比设置依据不同地域气候条件差异性，利用中庭产生的烟囱效应，依据热压、风压通风原理，发掘中庭空间自然采光的节能潜力，达到冬季日间利用温室效应贮热，夏季日间、夜间利用烟囱效应进行自然通风的目的。

（5）依据不同地域气候条件差异性，根据热、光等气候要素，通过合理配置中庭的平面形状与剖面位置，减少气候边界对于空间的影响；提高圆形、正方形作为主要平面形状的比例，削弱矩形或椭圆形因会扩大受热面，增大太阳得热量而无法规避夏季过热的情况，达到冬季减少热量损失，降低能耗的目的。

相关规范与研究

（1）《民用建筑热工设计规范》GB 50176—2016中8.2.3条规定：通风中庭或天井宜设置在发热量大、人流量大的部位，在空间上应与外窗、外门以及主要功能空间相连通。通风中庭或天井的上部应设置启闭方便的排风窗（口）。

（2）《民用建筑绿色设计规范》JGJ/T 229—2010 6.4.5条规定：中庭的热压通风，是利用空气相对密度差加强通风，中庭上部空气被太阳加热，密度较小，而下部空气从外墙进入后温度相对较低，密度较大，这种由于气温不同产生的压力差会使室内热空气升起，通过中庭上部的开口逸散到室外，形成自然通风过程的烟囱效应，烟囱效应的抽吸作用会强化自然对流换热，以达到室内通风降温的目的。中庭上部可开启窗的设置，应注意避免中庭热空气在高处倒灌进入功能房间的情况，以免影响高层房间的热环境。在冬季中庭宜封闭，以便白天充分利用温室效应提高室温。拔风井、通风器等的设置应考虑在自然环境不利时可控制、可关闭的措施。

典型案例　梅州客商会馆

（华南理工大学建筑设计研究院有限公司设计作品）

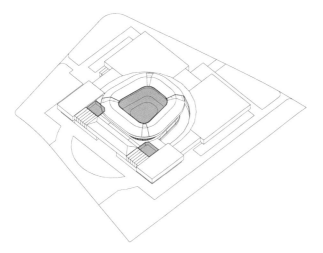

该项目设计了三个中庭空间，其中最中心围合的中庭承载了包括通风、景观、交通等核心功能。

梅州客商会馆中庭分析

Building

[目的]

在绿色新型公共建筑中，对于空间的舒适性有较高的要求。空间的质指建筑空间的属性，开放或封闭、易通达或不易通达等，在气候适应性绿色公共建筑设计中，通过对空间质的属性进行设计，影响空间能耗效果及绿色使用方式。

[设计控制]

（1）夏热冬暖气候区采用自然通风或复合通风的建筑，应采用通风、遮阳等手段，使建筑主要使用空间室内热环境参数在适应性热舒适区域的时间比例不低于30%。

（2）夏热冬暖气候区的公共建筑在过渡季典型工况下主要使用空间平均自然通风换气次数不小于2次/h的面积比例达到70%。

（3）空间属性分为低性能空间、普通性能空间以及高性能空间。夏热冬暖气候区的公共建筑应尽可能保证普通性能空间的自然通风，降低夏季空调能耗，提升自然通风条件下的热环境。

[设计要点]

B2-2-3_1 保证主体空间热环境

在公共建筑设计中，应综合利用通风、遮阳等手段，保证空间热舒适性。建筑在进行通风设计、空调系统设计和风扇设计时，室内热湿参数指标宜符合下列规定。

（1）一般活动强度房间的室内热环境热舒适指标应按下表取值：

一般活动强度房间室内热环境舒适性指标表

	操作温度（℃）	相对湿度（%）	风速（m/s）
通风环境	18 ~ 29	40 ~ 80	≥0.3*
	18 ~ 26	40 ~ 80	<0.3*
空调环境	24 ~ 26	40 ~ 70	<0.25
风扇环境	27 ~ 30	40 ~ 80	0.5 ~ 1.2

（注：*指在过渡季和夏季典型风速和风向条件下可开启窗全部开启形成的室内风速平均值）

（2）高活动强度房间的室内热环境热舒适性指标应按下表取值：

高活动强度房间室内热环境舒适性指标表

	操作温度（℃）	相对湿度（%）	风速（m/s）
通风环境	≤22	40～80	—
空调环境	20～22	40～70	<0.3
风扇环境	23～26	40～80	0.6～2.0

关键措施与指标

主要使用空间热舒适时间比：主要使用空间热舒适时间比=舒适时长/建筑运行时长×100%。

相关规范与研究

《绿色建筑评价标准》GB/T 50378—2019提到采用自然通风或复合通风的建筑，建筑主要功能房间室内热环境参数在适应性热舒适区域的时间比例，达到30%。

B2-2-3_2 保证空间内自然通风

在公共建筑设计中，综合利用风压和热压增强过渡季典型工况下主要使用空间通风，增强通风散热，改善空气质量。提供标准层或典型功能区域在通风开口条件下，室内地面1.2m处的风速和空气龄分布，并计算换气次数。其中以医院建筑为例：

医院建筑主要房间新风设计最小换气次数

功能房间	每小时换气次数
门诊室	2
急诊室	2
配药室	5
放射室	2
病房	2

医院建筑主要房间每人所需最小新风量 [m³/ (h · 人)]

建筑房间类型	新风量
办公室	30
客房	30
大堂、四季厅	10

高密人群建筑每人所需最小新风量应按人员密度确定，且符合下表：

高密人群建筑每人所需最小新风量 [m³/ (h · 人)]

建筑类型	人员密度PF（人/m²）		
	PF≤0.4	0.4<PF≤1.0	PF>1.0
影剧院、音乐厅、大会厅、多功能厅、会议室	14	12	11
商店、超市	19	16	15
博物馆、展览馆	19	16	15
公共交通等候室	19	16	15
歌厅	23	20	19
酒吧、咖啡厅、宴会厅、餐厅	30	25	23

关键措施与指标

换气次数：在一定的条件下，通过实验计算建筑空间内部平均风速，同时注重换气次数。自然通风换气次数模拟报告内容要求详见《民用建筑绿色性能计算标准》JGJ/T 449—2018附录A.0.5。

相关规范与研究

《绿色建筑评价标准》GB/T 50378—2019提到公共建筑的过渡季典型工况下主要功能房间平均自然通风换气次数不小于2次/h的面积比例达到70%。

[目的]

设计时采用弹性空间设计理念，提高空间的适用性、可变性，减少因空间功能变化产生的建造消耗。

[设计控制]

通过空间设计策划，在前期充分考虑空间使用过程中的功能改变、延伸等情况，并做针对性策划，根据具体策划系统性从结构、设备、建筑等层面进行预留设计，提高空间使用的可持续性。

[设计要点]

B2-3-1_1 空间功能的切换

随着建筑空间的使用，空间功能会产生改变。因此在绿色建筑设计初期应对后期空间功能的改变做相应策划。

B2-3-1_2 空间功能的延伸

随着建筑空间的使用，考虑空间的生长。主要从楼梯的可生长性，包括基础预留量，楼段板承重的预先考虑，周边环境的生长预留地等。预留管道空间，包括水电、通讯的发展空间。

典型案例　**龙归粮所改造**

（华南理工大学建筑设计研究院有限公司设计作品）

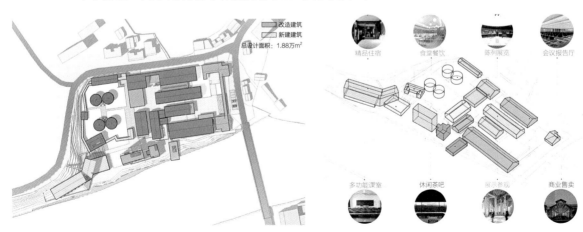

龙归粮所空间更新分析　　　　　　龙归粮所改造功能策划分析

该项目顺应原有的基本格局，适度增设新建筑，并将原有建筑的空间功能提升。在提高空间使用可持续性的同时，人们可自由穿行于新旧场景之间。

Building

[目的]

公共建筑对于空间的划分有较高的要求，例如会展建筑就对隔断和划分有明显功能需求。因此考虑到建筑全生命周期的功能需求，空间灵活划分显得十分重要。依据不同气候区建筑的不同保温、隔热、蓄热、采光和组织自然通风的必要性要求，合理设置建筑的横向和竖向分隔量、分隔通透度和分隔走向。

[设计控制]

（1）夏热冬暖气候区的公共建筑空间内部采光系数应满足《建筑采光设计标准》要求，可采用开敞式布局、减少内部隔断、降低内部隔断高度或采用玻璃隔断的方法优化室内光环境。

（2）当建筑的保温、蓄热要求较高时，需要更多的分隔、更低的通透度来保温、蓄热。在需要组织自然通风的气候区，横向和竖向分隔则需要依照风压、热压、文丘里管效应等原理，合理设计分隔的走向和位置。

[设计要点]

夏热冬暖地区在公共建筑空间设计中，应灵活处理隔墙密度，尽量降低隔墙通透性，分隔墙体应顺应夏季主导风向。宜采用开敞式布局，减少内部隔断，使用玻璃隔断。当使用内部隔断时宜采用玻璃隔断，减少自然光线传播路径上的阻碍，优化室内光环境。

相关规范与研究

《广州市绿色建筑设计与审查指南》（2019版）提到对公共建筑，采用可移动、可组合的办公家具、隔断等，形成不同的办公空间，方便长短期的不同人群的移动办公需求。

典型案例 深圳南海意库

（深圳招商地产有限公司设计作品）

深圳南海意库灵活隔断分析

案例资料来源：林武生，董瑾，吴远航. 宜将新绿付老枝——蛇口南海意库3号楼改造设计[J]. 建筑学报，2010（1）：20-25.

该项目把室内设计作为建筑设计的延续，包括具体的办公楼的摆设、家具的布置，在建筑提供的空间基础上细化，适合不同功能使用的弹性。摒弃传统会议室封闭、死板的模式，巧妙利用分割创造自由、轻松的交流空间，提高企业的文化内涵。

[目的]

建筑形体指建筑平面形状和立面、竖向剖面的变化。形态是建筑最基础的要素，因此在方案设计初期形态设计时就应充分考虑物理环境因素与气候特点。避免后期绿色设计中基础条件的违背与约束。绿色公共建筑设计应重视其平面、立面和竖向剖面的规则性对绿色性能及经济合理性的影响，结构方案应优先选用规则的形体，尽量采用平面、竖向规则的方案。

[设计控制]

（1）夏热冬暖气候区的公共建筑在进行体量设计时，应积极与场地要素结合设计，利用植被、场地高差、既有构筑物等为建筑提供遮阳，减少建筑空间得热，降低空调能耗。

（2）夏热冬暖气候区的公共建筑在进行体量设计时，在经济、结构等各方面条件合理的前提下，可适当增加建筑上层的面积，形成倾斜或悬挑的建筑体量，为建筑下层以及周边场地提供遮阳，降低夏季太阳辐射对立面和外窗的影响，减少建筑空间得热，降低空调能耗。

（3）夏热冬暖气候区的公共建筑宜在夏季主导风路上合理设置庭院、架空等体量形式的通风口，使气流进入或穿过建筑，带走热量。

[设计要点]

`B3-1-1_1` 倾斜悬挑体量提供遮阳

通过增加建筑外遮阳系数，降低建筑空间得热。设置倾斜、悬挑、架空的建筑体量，为建筑自身以及周边场地提供遮阳。倾斜、悬挑的建筑体量能够有效为建筑自身以及周边场地提供遮阳效果。

根据工程性质不同，悬挑形式各一，常见的有挑檐、挑台、挑廊等。棚架不仅用于遮阳，还可整合建筑形体，成为具有鲜明特色的建筑语言，减少降雨对生活空间的影响；为起到更好的遮阳效果，可将这些悬挑空间改造成生态缓冲空间。

悬挑层出挑水平投影面积应纳入建筑外遮阳系数计算，合理设置倾斜悬挑的建筑体量能够有效提高建筑外遮阳系数。

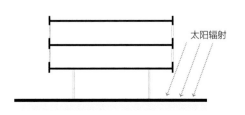

太阳辐射

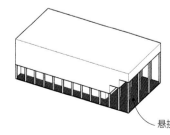

悬挑出挑层投影面积　　**建筑自遮阳示意图**

关键措施与指标

外遮阳系数：外遮阳系数=（遮阳构件面积+悬挑层出挑水平投影面积）/（立面展开面积+建筑屋顶面积）×100%。

典型案例　**佛山南海会馆**

（华南理工大学建筑设计研究院有限公司设计作品）

该项目运用挑檐设计，为建筑提供一定的遮阳避雨效果。同时挑檐的形式也与周边传统建筑的形式形成了有机统一。

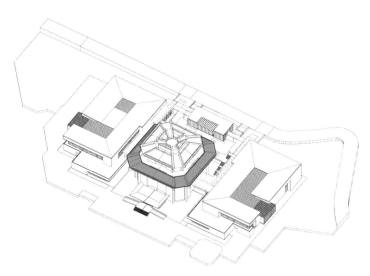

南海会馆挑檐分析

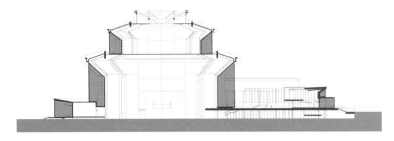

南海会馆挑檐剖面分析

Building

B3-1-1_2 利用场地要素提供遮阳

　　通过建筑形体设计，降低平均得热系数，降低建筑空间得热。利用植被、场地高差、既有构筑物等为建筑提供遮阳。平均得热系数与建筑空间辐射得热呈正相关，设计形体时应积极与场地要素结合设计，利用场地要素形成的阴影区域布置建筑形体。

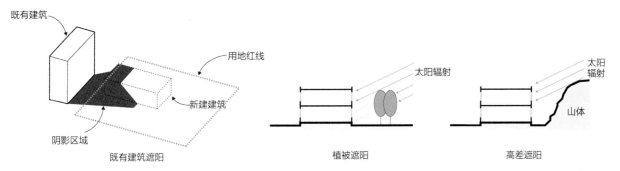

场地要素遮阳示意图

B3-1-1_3 利用建筑外立面遮阳

　　利用建筑外形进行遮阳开展建筑外遮阳与立面的整合设计。

　　（1）开口式遮阳：利用围护结构即可达到遮阳效果；造型结合遮阳功能，具有功能及气候适应性特质；开口成为建筑和外界交流的缓冲空间，加强建筑通风。岭南地区遮阳开口宜大而深，在保证遮阳的同时又有利于通风；南向遮阳开口应有足够深度以保证遮阳，北向开口深度宜浅以利于采光，东西向开口不宜过大以减少眩光。开口式遮阳适用于南向立面（南向太阳高度角较大），影响范围有限，针对性较强。

　　（2）翼墙遮阳：利用建筑外围护结构特点，改变结构以改变窗户方向，以达到遮阳效果。可在东西立面墙上改变窗户或开口方向，获取南北向光线，同时遮挡东西两个方向的直射阳光。

关键措施与指标

　　平均得热系数：平均得热系数=建筑全年平均受太阳辐射直射面积/建筑表面积×100%

相关规范与研究

　　《岭南特色超低能耗建筑技术指南》（2020版）中详细介绍了遮阳技术的细节和方法。

Building

典型案例 华南理工大学国际校区

（华南理工大学建筑设计研究院有限公司设计作品）

　　以东南立面的百叶设计为例，对不同遮阳形式的立面太阳辐射得热量进行计算，对其遮阳效果作出评价，太阳辐射得热量可减少70%以上。对比夏至日东南向可晒到太阳的不同时刻立面阴影，可知偏角向东的百叶可完全覆盖在建筑阴影内，且可进一步引导夏季和过渡季的东南风、东南偏东风、东风流入室内。偏角选择60°，平衡较密集的百叶对采光的遮挡。

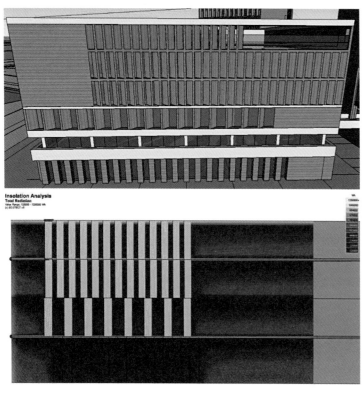

华南理工大学国际校区外立面遮阳分析

[目的]

公共建筑作为复杂的形体构成体，拥有多种体量组合的方式和可能性。在体量组合的过程中不同的形态构成能促成被动式设计目的。

[设计控制]

（1）夏热冬暖气候区公共建筑在进行体量组合设计时，宜设置夏季主导风方向上由低到高以及由虚到实的建筑体量，为夏季风进入建筑及场地创造有利条件，提高夏季建筑表面平均风压。

（2）夏热冬暖气候区公共建筑在进行体量设计时，可通过适当手法拆解建筑体量，增大建筑外表接触系数，增加建筑空间与室外热交换的界面面积，为增设窗户提供可行性，有利于提高建筑的通风散热。宜在较佳太阳辐射面增加建筑外表接触面积。

（3）夏热冬暖气候区的公共建筑场地内各建筑单体之间宜设置遮阳避雨的空间连接。连廊覆盖率宜大于70%。

[设计要点]

B3-2-1_1 设置错动排列体量组合

在公共建筑形体设计中，通过增加建筑夏季迎风面平均风压，增强通风散热。当公共建筑采用多体量组合形成空间秩序时，可采用错动排列体量组合的设计方法，使夏季主导风向能更好地流入形体中。在一定的条件下，通过实验计算建筑夏季迎风面平均风压。

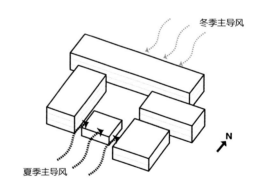

冬季主导风

夏季主导风

N

Building

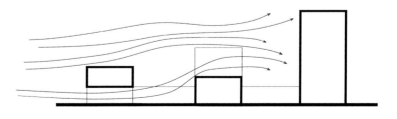

错动形体适风示意图

相关规范与研究

《岭南特色超低能耗建筑技术指南》（2020版）提到建筑可以通过高低错落体块穿插的方式丰富建筑形态，使得建筑可以自身形成一定阴影，也可以减少太阳辐射对建筑的热作用。

典型案例 河源市特殊教育学校

（华南理工大学建筑设计研究院有限公司设计作品）

河源市特殊教育学校体量组合分析

该项目将学校按照使用功能拆分为若干个小体量建筑，各体量顺应用地边线自由布置。校园空间灵活布局使得其与周边村落相得益彰。

B3-2-1_2 设置遮阳避雨设施连通

　　针对夏热冬暖气候区太阳辐射强、雨量充沛等特点，为避雨防晒，建筑场地内各单体建筑宜有提供遮阳避雨的室内或半室内空间直接连通。同时室外场所应具有遮阳、遮雨措施的室外活动场地。

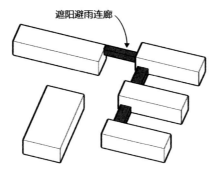

遮阳避雨连廊示意图

相关规范与研究

　　《广州市健康建筑设计导则》（2019版）提到自行车车位可设置于地下或地面，设置于室外时宜有遮阳防雨设施。儿童活动场地设有不少于3件娱乐设施，设有不少于6人的座椅，并有遮阳设施。

典型案例　惠能纪念堂

（华南理工大学建筑设计研究院有限公司设计作品）

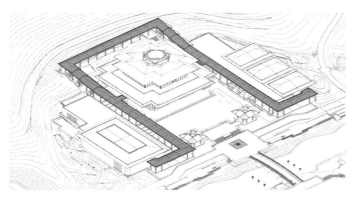

惠能纪念堂连廊分析

　　该项目运用连廊将主体建筑与周边功能体量进行连接。使用者可以穿过两边的"翠竹连廊"到达各个场所。

B3-2-1_3 分解体量增强室外通风

通过增大建筑外表接触系数，提高建筑通风散热效果。建筑形体设计增加建筑外表接触系数，增强建筑通风散热。适当分解建筑体量，增加建筑有利外表接触面积，增强建筑通风散热。外表接触面增大，建筑的得热以及散热都会增加，因此宜在较佳太阳辐射面增加建筑外表接触面积，通过模拟确保增大外表接触系数的正面作用。在夏热冬暖地区，较佳太阳辐射面大致为朝向接近南北的建筑立面。

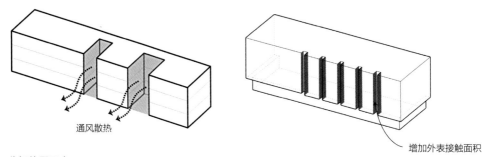

通风散热

分解体量示意

增加外表接触面积

关键措施与指标

外表接触系数：外表接触系数=（建筑立面展开面积+建筑屋顶面积+架空底面面积）/总建筑面积×100%。宜在较佳太阳辐射面增加建筑外表接触面积。

典型案例 华南理工大学逸夫人文楼

（华南理工大学建筑设计研究院有限公司设计作品）

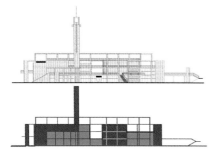
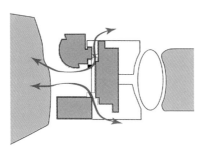

该项目的建筑体量分散布局于两个湖之间，中间通透使湖风可以直接穿过建筑产生对流，带动整个建筑组群的空气流动。

华南理工大学逸夫人文楼体量组合分析

Building

[目的]

公共建筑的单一体量也有许多的被动式设计方法可以改善舒适性。单一形体的体形系数、体型凹凸、架空等，会对建筑能耗带来影响。在体量层面的气候适应性设计方法主要集中在一些体量的减法上，为夏热冬暖气候湿热的地区特点找到解决方法。

[设计控制]

（1）夏热冬暖区公共建筑底层宜采取架空方式，促进建筑场内的通风效果，为建筑场地提供遮阳，减少梅雨天气地面受潮面积。架空空间宜朝主导风向设置，并在迎风方向通透，架空高度不宜小于3m，底层建筑架空率比较适宜范围为15%~65%。

（2）夏热冬暖气候区的公共建筑在进行体量设计时，在经济、结构等各方面条件合理的前提下，可结合建筑造型设置遮阳层，为建筑屋面以及立面提供遮阳效果，减少建筑空间得热，降低空调能耗。

（3）场地条件允许的情况下，夏热冬暖气候区的公共建筑宜设置热稳定性良好的地下或半地下空间，设计时应注意地下空间的通风采光效果，增加其使用效率。地下空间与场地面积比不宜小于50%。

[设计要点]

B3-2-2_1 设置架空底层

夏热冬暖地区夏季闷热，冬季湿冷，年降水量大。特别是梅雨期容易造成空气的相对湿度过高。通过增强通风散热、提供遮阳，减少受潮面积。为改善近地面的空气流态，位于上风向的建筑可以采用底层架空的形式。同时，底层架空区域形成的半室外空间，也能作为过渡季舒适的公共交互空间。采用架空方式时，架空空间宜朝主导风向设置，并在迎风方向通透。建筑剖面设计宜采用底层架空、空中花园和垂直绿化，适当引入水体水景，改善建筑周围微气候。

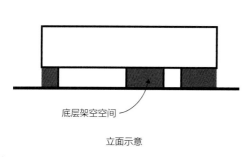

底层架空空间

立面示意

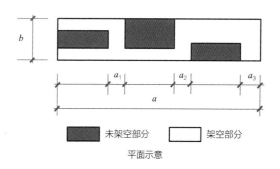

未架空部分　　架空部分

平面示意

底层架空示意

Building

建筑底层架空率是架空部分的长度之和与整体长度的比值，用于衡量底层架空的比例。建筑底层架空率计算公式：$k=(a_1+a_2+a_3)/a$。

公共建筑底层架空率有利于形成人行水平高度的穿堂风，架空高度越高，通风效果越好。

关键措施与指标

底层建筑架空率：底层建筑架空率=底层立面透空面积/底层立面外轮廓面积×100%。

相关规范与研究

《岭南特色超低能耗建筑技术指南》（2020版）提到高层建筑可进行架空层设计，若首层为公共建筑则可考虑利用转换层架空（如空中花园）。架空层高度不宜小于3m，通风架空率不宜低于10%。

典型案例　华南理工大学博学楼

（华南理工大学建筑设计研究院有限公司设计作品）

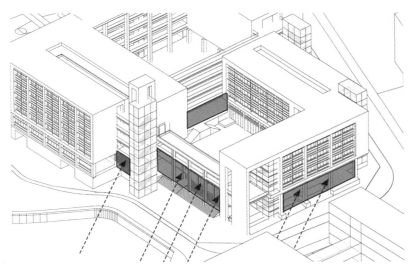

华南理工大学博学楼底层架空通风分析

该项目在朝夏季主导风向的两个建筑入口设置了数个架空空间，保证了建筑对夏季主导风向上的通风需求。

Building

B3-2-2_2 设置地下或半地下空间

　　建筑形体设计提高地下空间与场地面积比，降低建筑空间得热，设置热稳定性良好的地下或半地下空间。同时应采取相应技术控制措施，改善地下空间的采光、空气质量及热湿环境。

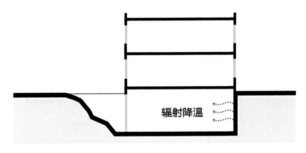

半地下空间示意图

关键措施与指标

　　地下空间与场地面积比：地下空间与场地面积比=地下空间面积/场地面积×100%。

典型案例　广州市城市规划展览中心
　　（华南理工大学建筑设计研究院有限公司设计作品）

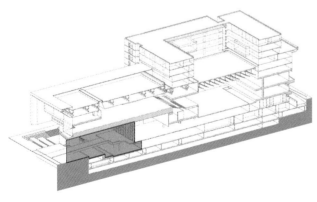

广州市城市规划展览中心剖面分析

　　该项目的入口设置下沉庭院，开放的灰空间为使用者提供舒适的热环境。

Building

B3-2-2_3 设置遮阳层提供遮阳

　　建筑形体设计增加建筑外遮阳系数，降低建筑空间得热，设置遮阳层，为建筑屋面及立面提供遮阳效果。屋面及立面遮阳层能够有效为建筑自身以及周边场地提供遮阳效果，设计时应注意与建筑造型相结合，优先考虑在朝向欠佳的立面及屋面设置遮阳层。

　　在结构设计允许的条件下，屋面采用砖砌支架支撑细石混凝土板来设置适用公建的遮阳层，遮挡太阳直射辐射的同时利用架空层通风带走太阳辐射得热。架空层架高度一般设为180～300mm，架空板距女儿墙（若有）不小于250mm。

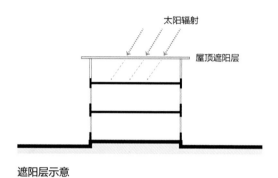

遮阳层示意

关键措施与指标

　　外遮阳系数：外遮阳系数=（遮阳构件面积+悬挑层出挑水平投影面积）/（立面展开面积+建筑屋顶面积）×100%。

典型案例 华南理工大学国际校区

（华南理工大学建筑设计研究院有限公司设计作品）

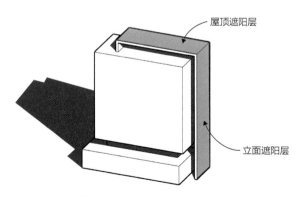

华南理工大学国际校区实验楼遮阳层分析

　　该项目的屋顶遮阳层抵御直射的太阳辐射，立面遮阳层抵挡西晒，同时将遮阳层与建筑形体相结合形成独特的建筑形体特征。

[目的]

太阳辐射，是指太阳以电磁波的形式向外传递能量，是太阳向宇宙空间发射的电磁波和粒子流。太阳辐射所传递的能量，称太阳辐射能。在公共建筑设计中，对于使用者需求应尽量充分利用太阳能。

[设计控制]

（1）夏热冬暖气候区公共建筑在进行体量设计时，应尽可能使更多的建筑空间有良好的太阳朝向，宜尽可能减少冬季主导风向朝向的建筑空间面积。

（2）夏热冬暖气候区公共建筑应尽量将主要使用空间朝南布置，采光系数满足采光要求的面积比不宜低于60%，高于80%最佳。

[设计要点]

B3-3-1_1 保证良好太阳朝向

建筑日照时间和质量主要取决于建筑的朝向和间距。夏热冬暖地区建筑不应采用东西为主导的朝向。对竖向布局来说前排建筑采用斜屋面或把较低的建筑布置在较高建筑的阳面方向都能够缩小建筑的间距。建筑也可采用退层处理、合理降低层高等方法达到这一目的。建筑宜采取交叉错位排列式，利用斜向日照和山墙空间日照。通过增加最佳太阳朝向面积比，减少建筑空间得热。尽可能增加最佳太阳朝向及其近似朝向的建筑空间体积。

建筑朝阳面示意图

关键措施与指标

最佳太阳朝向面积比：最佳太阳朝向面积比=建筑在所在地最佳太阳朝向上的投影面积/总建筑面积×100%。增加最佳太阳朝向面积比有利于建筑空间减少太阳辐射得热，夏热冬暖地区的建筑宜以南北朝向为主。

相关规范与研究

《绿色建筑评价标准》GB/T 50378—2019提到绿色建筑设计还应在综合考虑基地容积率、限高、绿化率、交通等功能因素的基础上，统筹考虑冬夏季节节能需求，优化设计体形、朝向和窗墙比。

典型案例 深圳美伦酒店

（深圳市都市实践设计有限公司设计作品）

来源：孟岩. 山外山，园中园深圳美伦公寓及酒店[J]. 时代建筑，2012（02）：90-97.

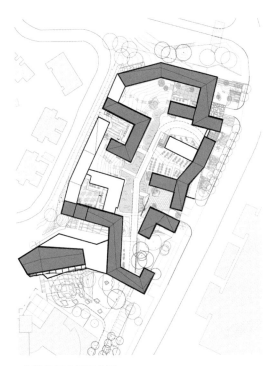

深圳美伦酒店朝阳分析

该项目在地块限制条件下，设计最大限度地保证了建筑朝阳面。

Building

B3-3-1_2 保证室内自然采光

形体设计中通过控制向阳面的延展面积，充分利用自然光，将自然光引入室内，减少照明能耗。天然采光不仅有利于照明节能，而且有利于增加室内外的自然信息交流，改善空间卫生环境，调节空间使用者的心情。通过建筑朝向和空间布置顺应太阳角度。宜优先通过建筑设计改善天然采光条件，避免出现无窗空间。

《广州市绿色建筑设计与审查指南》（2019版）提到，在设计时，采光要求需要根据场所的视觉活动特点及现行国家标准《建筑采光设计标准》GB 50033对于不同场所的采光标准值的规定来确定，例如办公建筑场所采光系数标准见下表。设计时，可以通过计算误差符合要求的软件对此类型场所的采光系数进行计算。

办公建筑的采光标准值

采光等级	场所名称	侧面采光	
		采光系数标准值（%）	室内天然光照度标准值（lx）
Ⅱ	设计室、绘图室	4	600
Ⅲ	办公室、会议室	3	450
Ⅳ	复印室、档案室	2	300
Ⅴ	走道、楼梯间、卫生间	1	150

楼梯间靠外墙设置，也有利于天然采光，要求每单体建筑中至少有一处楼梯间具有天然采光、良好的视野、充足的照明和人体感应装置，方便人员行走和锻炼。距离主入口的距离不大于15m是为吸引人们主动选择走楼梯的健康的出行方式。

关键措施与指标

采光面积比：采光面积比=采光系数满足采光要求的面积/总建筑面积×100%。

相关规范与研究

（1）《建筑采光设计标准》GB 50033明确采光的设计要求。

（2）《广州市绿色建筑设计与审查指南》（2019版）规定，公共建筑内区采光系数满足采光要求的面积比例达到60%；公共建筑地下空间平均采光系数不小于0.5%的面积与地下室首层面积的比例达到10%以上；公共建筑室内主要功能空间至少60%面积比例区域的采光照度值不低于采光要求的小时数平均不少于4h/d。

[目的]

　　在公共建筑设计中，对于使用者需求应尽量充分利用风能。夏热冬暖地区属于季风区——冬夏盛行风向相反，建筑形态应该面向夏季主导风向，避开冬季主导风向。

[设计控制]

　　通过控制建筑形体方位设计，夏季加速被动通风散热，春秋过渡季节合理组织通风有助于减少建筑对空调设备的需求，冬季减少通风，注意防北风。

[设计要点]

　　夏热冬暖地区位于我国南部，受海洋影响，季风资源丰富，日间风大，从海洋吹向陆地，夜间风速略低，从陆地吹向海洋，有良好的自然通风条件。在夏热季节的4～9月份，盛行东南风和西南风，沿海部分的自然通风潜力最优。其中广州在一年最热月份（7、8、9月份），室外风速处于1.0～1.5m/s范围内。1月份平均室外风速为2.0m/s，7月份平均风速 1.6m/s。在岭南地区，建筑设计应综合利用室内外条件，并根据建筑外环境、建筑布局、建筑构造、太阳辐射、气候、室内热源等，合理高效地组织和诱导自然通风。

　　建筑主朝向选择最佳朝向，避开冬季主导风向，为室内获得良好传统营造条件。若是街道式布局，街道朝向与主导风向呈20°～30°夹角。建筑主界面宜垂直于夏季主导风向，并应综合考虑太阳辐射及夏季暴雨袭击等因素。

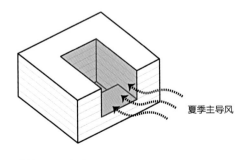

建筑适风示意图

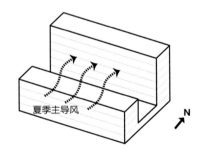

关键措施与指标

自然通风：建筑朝向宜迎向全年主导风向。合理地组织室外庭院以有利于通风。采取局部架空和适当部位开设洞口以利于自然风的流通。

相关规范与研究

《岭南特色超低能耗建筑技术指南》（2020版）提到建筑应该朝向南向主导风向，避开冬季主导风向。

典型案例　华南理工大学国际校区

（华南理工大学建筑设计研究院有限公司设计作品）

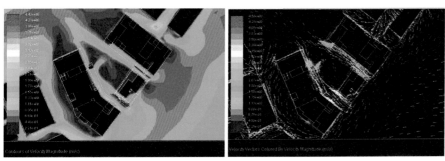

室外风速云图　　　　　　　　室外风速矢量图

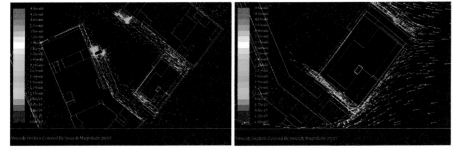

二层休息平台通风矢量图　　　　塔楼休息平台通风矢量图

华南理工大学国际校区通风分析

建筑位于东南向迎风面，在首层设置两个架空开口，形成两个通风通道，改善下游活动区域以及室外休息平台的热舒适情况。建筑室外休息平台和连廊均可形成有效通风流线，风速可达2m/s，风速适宜，可结合平台的开门开窗进一步将通风引入室内，创造有效的室内通风流线，提高室内热舒适度。

[目的]

根据夏热冬暖地区气候条件，分析热、光等要素，权衡建筑自然采光需求和建筑围护结构负荷，针对建筑不同朝向立面，采用不同的窗墙比设计，通过对光能和热能的吸纳，在保证建筑内自然采光的同时，降低建筑制冷制热负荷，达到建筑节能的目的。夏热冬暖地区虽然日照比较强烈，但对于一些进深比较大的大型公共建筑来说，内部采光也是存在一些问题。在这种条件下需要吸纳一部分日照辐射为室内进行采光。

[设计控制]

（1）合理设计不同朝向窗墙比。对于夏热冬暖地区不同光气候条件，在日照较为充足的区域，合理设计建筑的窗墙比，通过选择Low-E外窗玻璃，减少夏季室内的太阳辐射得热。通过选择透光率较高的外窗玻璃，增加室内的自然采光。

（2）选择适宜的采光方式。通过传统的建筑顶部开窗、建筑侧面开窗，或者是导光管、导光板等新型技术，根据建筑和空间的采光需求，合理选择采光方式和类型，改善建筑内不同空间的自然采光。对于夏热冬冷地区不同光气候条件，根据不同区域的太阳日照辐射强度，选取合适的采光方式。

（3）夏热冬暖地区侧面或顶部采光的采光系数值不宜高于5.5%。为保证采光均匀度，采用顶部采光时，采光均匀度不宜小于0.7，相邻两天窗中线间的距离不宜大于参考平面的天窗下沿高度的1.5倍。

（4）夏热冬暖公共建筑空间进深较大时可在外窗上设置反光板加强内区的自然采光，反光板宜设置在窗口内侧，窗口中上部，上部留有600～900mm进光口；反光板在窗口内侧出挑宽度宜在400～900mm；反光板材质宜为反光金属板。

[设计要点]

B4-1-1_1 设置中庭或天窗采光

屋面采光即利用天窗采光，基本类型分为水平天窗、竖直天窗以及锯齿形天窗。

对于多层且占地面积较大的建筑，可设计庭院进行自然采光。庭院采光可大致划分为院落、中庭以及采光庭院。下面列出庭院采光的类型与特性：

（1）院落。为四周围合的建筑提供良好的自然采光条件。庭院的面积不大，还能吸收周围建筑立面所反射回来的自然光；如果庭院的建材色彩淡雅，可将照射到地面的光线有效的反射给周围建筑物。适用于低层办公楼。

（2）中庭。解决大进深空间的采光问题，为平面最大进深处提供充足的光线。中庭相邻空间工作面上可接收天空直射、反射和漫射光线。夏热冬暖地区需采用顶部可移动遮阳，防止夏季过热同时保证冬季采光。中庭高宽比不应超过3：1（办公建筑照度需求）。对于层高较高但建筑面积较小的中庭，或建筑朝向不好时，可设置反光设施。中庭墙壁可用素混凝土、浅色粉刷、石膏板、麻面石材、麻面砖等素面粗糙材料，避免表面光滑产生反射眩光。适用于进深大或有地下室的公建。

（3）采光庭院。下沉花园、光井等也可称为采光庭院。区别于院落，采光庭院把采光要求作为首要思考的条件之一。其建筑尺度，建材的选用，要把满足采光要求作为首要解决的问题。采光庭院四周围合的建筑立面，可采用简洁的设计手法，不需要复杂繁琐的装饰。可考虑把庭院进深较大的部分布置于东西方向，以接受更多的阳光照射，采光庭院的建筑立面、底部的铺地材料、构筑物小品、休息座椅的选择及喷水池的安装，均宜选择浅色的建材。适用于中低层、低层公共建筑。

关键措施与指标

采光系数：采光系数=室内照度/室外照度×100%。在一定的条件下，通过实验计算建筑空间采光系数。

相关规范与研究

《岭南特色超低能耗建筑技术指南》（2020版）提供了一系列中庭、天窗、辅助采光的设计方法推荐。

典型案例　大芬美术馆

（深圳市都市实践设计有限公司设计作品）

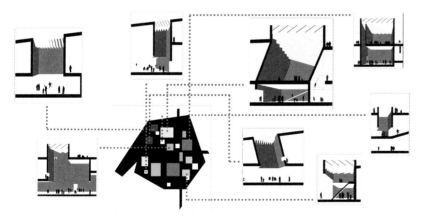

该项目采用不同的天井与天窗组合方式，在保证室内采光的基础上，营造丰富的内部空间体验。

大芬美术馆中庭与天窗分析
来源：大芬美术馆，深圳，中国[J]. 世界建筑，2007（8）：38-47.

B4-1-1_2 设置局部反光板

为保证自然采光的其他方法就是设置反光板等辅助采光设备改善室内光环境的均匀度。只需在窗上方安装一组镜面反射装置。阳光射到反射面上，进而反射到天花板，利用天花板的漫射作用将自然光反射到室内空间。反射高窗可减少直射阳光的进入，利用天花板的漫射作用，提高整个房间的照度与均匀度。注意天花板材料的选择。

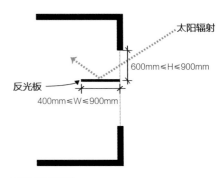

反光板示意图

对于进深大的空间以及地下室，在采光设计时除了常用的局部反光板，还可采取以下有效的辅助采光措施：

（1）导光管。导光集光器有主动式和被动式两种：主动式集光器通过传感器的控制来跟踪太阳，最大限度采集日光。被动式集光器则固定不动。可穿过结构复杂的屋面及楼板把天然光引入每一层直至地下层。光线传输超过一定距离时，该技术采光效果会明显降低。适用于天然光丰富、阴天少的地区，主要应用于建筑顶层或地下室。将采光罩安装在建筑立面或顶部，太阳高度角较低、光通量较高时，侧面采光效果较好。太阳高度角较高的中午时分，顶部采光的采光效率较高。为输送较大的光通量，导光管直径一般＞100mm。由于天然光的不稳定性，建议给导光管装配人工光源作为后备光源。

（2）光导纤维。光导纤维一般由聚光、传光和出光三部分组成。光线进入光纤后经过不断的全反射传输到另一端。因为光纤截面尺寸小，所能输送的光通量比导光管小得多，但可在一定的范围内灵活地弯折，而且传光效率比较高。聚光装置宜放置在楼顶，按需布置出光口，满足各层需求。

（3）Anidolic系统。导光搁板为其中一种形式。在侧窗上部安装一个或一组反射装置，使窗口附近的直射光线经过一次或多次反射进入室内，以提高房间内部照度。反射材料常为银反射膜（98%反射率）。房间进深小时，采光搁板结构十分简单，在窗户上部装一个或一组反射面；房间进深大时，在侧窗上部增加由反射板或棱镜组成的光收集装置，可为进深＜9m的房间提供充足均匀的光照。宜侧窗上部安装，可用于天花板和墙体等建筑构件。

（4）棱镜窗。在双层玻璃中加入透明聚丙烯材料，利用棱镜的折射作用改变入射光的方向，使太阳光照射到房间深处。导光棱镜窗一面是平的，另一面带有平行的棱镜，可有效地减少窗户附近直射光引起的眩光，提高室内照度的均匀度，过滤绝大部分紫外线，减少靠近窗户部分室内空间因直射光过于集中而引起的局部过热现象。由于棱镜窗的折射作用，可以在建筑间距较小时获得更多的阳光。宜安装在窗户的顶部，作为天窗使用或架设在中庭天窗构造支架上。

Building

（5）RETRO系统。以百叶帘形式对入射角度不同的光线做出相应调整，同时能实现采光与防眩光、防过热功能。基础百叶帘系统的反射装置在造型和作用效果上区别明显。太阳直射光折射到围护结构内表面，增加自然透射深度，保证室内人员与外界的视觉沟通，避免工作区亮度过高，当天花板满足一定要求时，光线可被导入进深20～30m的室内。同时可遮挡东、南、西三个方向一半以上的太阳辐射。该系统的装配费用可在投入使用5年内通过建筑节约的能耗完全抵消。

主要的辅助采光设计可以总结为以下几种方式：

辅助采光方式表

	顶部采光（如天窗）	导光管系统	反光板（采光搁板）	棱镜窗	下沉广场（庭院）	采光通风井	光导纤维
大跨度或大进深的建筑	√	√	√	√			√
地下空间	√	√	√	√	√	√	√
侧面采光		√	√	√			√

关键措施与指标

采光系数。

相关规范与研究

《岭南特色超低能耗建筑技术指南》（2020版）对于大进深、地下空间宜优先通过合理的建筑设计改善天然采光条件，且尽可能地避免出现无窗空间。如大进深空间设置中庭、采光天井、屋顶天窗等措施；地下空间宜采用下沉式庭院、半地下室、天窗；对于无法避免的情况，鼓励采用反光、导光设施将自然光线引入到室内。

典型案例　深圳建科大楼

（深圳市建筑科学研究院股份有限公司设计作品）

深圳建科大楼导光管与反光板分析

该项目通过安装导光管将阳光导入地下车库的车道，解决了白天的照明。办公空间通过反光板将阳光反射向纵深区域。

Building

[目的]

在夏热冬暖气候区，过多的太阳辐射不利于室内的热舒适性，同时刺眼的灯光也会影响使用者的感受。通过灵活调节的开闭系统及遮阳系统，实现对风、光的调控，控制进入室内的自然风和太阳辐射的质和量，以满足室内需求。

[设计控制]

（1）夏热冬暖气候区的公共建筑部分空间的外界面可采用可变设计，在不同季节，分别采取开启、关闭或部分开启的模式，以适应气候条件，减少空调季和过渡季的建筑能耗。

（2）夏热冬暖气候区的公共建筑外窗设置固定遮阳系统，为室内空间提供遮阳，减少建筑空间得热，改善室内热环境，降低空调运行能耗，建筑外遮阳装置应兼顾通风及冬季日照。建筑南向窗户宜设置水平式遮阳系统，东西向窗户宜设置垂直式和挡板式遮阳系统，其他朝向的窗户可设置组合式遮阳系统。

（3）夏热冬暖地区公共建筑屋面可采用活动式遮阳以满足室内空间不同时段的使用需求，设置活动式外遮阳时其面积比例建议不宜低于外窗透明部分比例的25%，高于50%最佳。

（4）夏热冬暖地区公共建筑屋面宜结合主导风向设置可开启通风界面。设玻璃幕墙且不设外窗，可开启面积比不宜小于5%；设外窗且不设玻璃幕墙，可开启面积比不宜小于30%；同时设置玻璃幕墙和外窗的建筑取平均值。

[设计要点]

B4-1-2_1 设置外窗固定遮阳系统

通过固定式遮阳系统进行遮阳隔热。选用质轻且坚固耐用的材料作为遮阳构件，同时考虑遮阳构件的热工性能。色彩以浅色为佳，可以减少对太阳辐射热的吸收，同时注意减少眩光带来的不利影响。利用遮阳构件的重复性，形成美的韵律，丰富建筑立面，或以造型结合遮阳功能，体现出浓郁的功能、气候适应性特质。

遮阳措施分为外遮阳、内遮阳与中间遮阳。

（1）外遮阳

1）太阳辐射在进入玻璃前已被拦截；2）外部屏蔽可降低外立面的声压入射。由于长期暴露在大气介质中，遮阳设施材料起着至关重要的作用，因此构件更昂贵，也更难维护。东、西向外窗必须采取建筑外遮阳措施；南、北向外窗应采取建筑外遮阳措施。南向采用外遮阳效果最佳。外遮阳元件的选择应考虑室外天气条件和设备的抗风能力。

（2）内遮阳

阻挡太阳的直接辐射，控制采光和眩光；确保居住者的隐私。1）太阳光进入室内并把大量的热量困在玻璃与遮阳元件之间，影响室内热舒适环境。2）不能明显地减轻来自外界的声压。宜选择浅色材料的内遮阳元件，减少元件对太阳辐射的吸收。

（3）中间遮阳（双层玻璃中空内置百叶遮阳系统）

可按需实时调整亮度，可调节度达到80%的遮光率。确保百叶的全面防尘和天气保护。热空气在窗户内形成，并被排到室外。外层幕墙降低建筑内部的风压，使高层建筑中部分自由开窗通风成为可能。隔声效果优。冬季保温，保障夜间自然通风。价格昂贵，其外围护结构的造价比普通建筑增加1.5～2倍。技术含量较高，在不损害玻璃面板密封的情况下，调节百叶。太阳辐射控制效果优异，可做内/外遮阳的替代遮阳系统。

按遮阳结构分类，遮阳分为水平遮阳、垂直遮阳以及综合遮阳3种。

（1）水平遮阳

有效遮挡从玻璃上方投射下来的太阳高度角较大的阳光。南向宜设置水平外遮阳。加宽挑檐、外走廊、凸阳台等可作为固定式水平外遮阳形式。水平遮阳对采光的影响较垂直遮阳大；应尽量使进风入射角控制在30°～45°范围内。适合南向窗。

（2）垂直遮阳

有效遮挡太阳高度角较小、侧斜射进来的阳光。东北、北、西北向宜采用垂直遮阳。东西向可采用垂直遮阳。垂直遮阳对于入射角较为敏感，应尽量使自然光入射角控制在30°～45°范围内。适合东北/北/西北窗。

（3）综合遮阳

东南和西南宜采用综合式外遮阳。凹阳台可起综合式遮阳的作用。东西向太阳高度角较小，宜设置活动外遮阳。

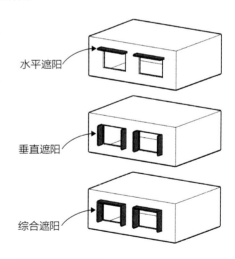

遮阳结构种类示意图

关键措施与指标

建筑外遮阳系数：有建筑外遮阳的窗口（洞口）所受到的太阳辐射照度的平均值与没有建筑外遮阳时受到的太阳辐射照度的平均值的比值。

B4-1-2_2 设置可变外界面空间

国外已存在一些动态立面，可与智能建筑相结合，形成对于不同的日照开合。设置可开启或部分开启的空间外界面，从而降低空调能耗并提高室内光感舒适度。结合夏热冬暖地区气候资源，通过选择适宜的灵活可调的门窗开口方案，确保外窗/幕墙达到一定的可开启比例，并可实现开口的启闭和大小调节。

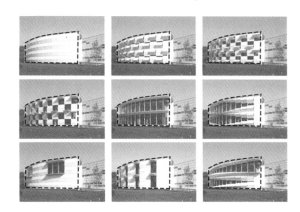

基弗技术展厅可变界面分析

典型案例 **基弗技术展厅**

（恩斯特·基塞布莱切特及合伙人有限公司设计作品）

该项目的外表皮为可移动的穿孔铝板，动态的三维折叠结构凭借电动机驱动，可以根据周边环境改变不同外观效果。

案例资料来源：恩斯特·基塞布莱切特及合伙人有限公司. 基弗技术展厅，施蒂利亚，奥地利[J]. 齐轶昳，译. 世界建筑，2019（4）：28-31.

B4-1-2_3 采用活动式遮阳系统

与固定式遮阳不同，也可以通过活动式遮阳进行遮阳隔热，减少空间得热。活动遮阳可根据室外天气变化情况调节遮阳元件。可改变百叶窗或叶片的角度，使建筑免受太阳辐射，从而优化自然光进入室内的数量。形式主要有遮阳篷、卷帘、垂帘、活动百叶。活动百叶外遮阳最为节能。东西向外窗宜设置活动外遮阳。遮阳篷具有可折叠可伸缩的结构，可安装在水平或倾斜平面上，最高可达90°；此外这种类型的安装有利于室内的适当通风。

关键措施与指标

活动式外遮阳面积比：活动式外遮阳面积比=活动式外遮阳面积/外窗部分面积×100%。

B4-1-2_4 优化可开启界面设置

建筑形体设计增强建筑散热，在夏季主导风向上合理设置通风口、门窗等，形成可开启界面。综合利用风压和热压通风原理，引导自然风进入建筑空间，改善室内热环境。

关键措施与指标

外窗可开启面积比：外窗可开启面积比=外窗可开启部分面积/外窗总面积×100%。

相关规范与研究

《绿色建筑评价标准》GB/T 50378—2019提到可调节遮阳设施包括活动外遮阳设施（含电致变色玻璃）、中置可调遮阳设施（中空玻璃夹层可调内遮阳）、固定外遮阳（含建筑自遮阳）加内部高反射率（全波段太阳辐射反射率大于0.50）可调节遮阳设施、可调内遮阳设施等。

典型案例　广州天伦控股大厦

（华南理工大学建筑设计研究院有限公司设计作品）

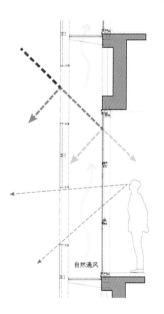

自然通风

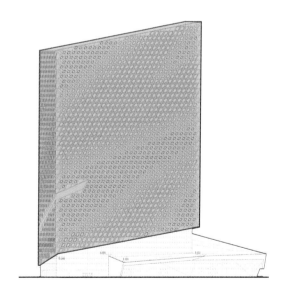

广州天伦控股大厦外表皮分析

该项目采用双表皮设计，外表皮设置为透光透风的参数化表皮，内表皮为可开启玻璃窗。通过外表皮对太阳辐射的部分遮挡，内表皮可加大外窗可开启比例，提高室内外通风效率。

Building

135

[目的]

夏热冬暖地区的太阳辐射对建筑影响最强烈的表现在于建筑外表面的辐射值，会直接导致外立面温度升高从而导致室内温度升高，尤其在西晒时间。因此夏热冬暖地区对于建筑外表面的阻隔显得尤为重要。

[设计控制]

（1）夏热冬暖地区的公共建筑宜设置种植屋面，通过模拟土壤厚度及植被类型对建筑空间热舒适及制冷能耗的影响，保证种植屋面的正面作用。

（2）夏热冬暖地区公共建筑屋面宜设置蓄水屋面，利用水体蒸发降低屋面温度。

（3）夏热冬暖地区的公共建筑宜采用垂直立体绿化技术，通过模拟植被类型、土壤层对建筑空间热舒适及制冷能耗的影响，保证立体绿化的正面作用。

（4）夏热冬暖地区的公共建筑宜采用热反射玻璃、低辐射镀膜玻璃、涂膜隔热玻璃、内置百叶中空玻璃等节能玻璃技术，提高建筑外窗性能。

（5）夏热冬暖地区公共建筑采用玻璃幕墙作为主界面材质时，每层房间的玻璃幕墙下宜预留至少80cm的实墙体。

[设计要点]

B4-1-3_1 设置种植屋面

设置种植屋面可通过蒸腾作用散热，遮阳隔热，减少空间得热。在结构设计允许的条件下，铺设屋顶绿化，屋顶绿化采用操作简单、成本低廉的草坪式。优先选用符合本地气候特征、灌溉次数少、低虫害、叶面积指数高的草类（铺地锦竹草、佛甲草等）进行种植。铺设屋面绿化的前提是保证良好的屋面防水性能。常规做法200mm覆土层即可满足隔热要求同时降低太阳得热系数。

B4-1-3_2 设置蓄水屋面

设置蓄水（流水）屋面，通过蒸发作用散热，降低屋面的表面温度。可结合雨水回收和再利用，充分利用可再生资源。

B4-1-3_3 设置立体绿化

利用蒸腾作用散热，遮阳隔热，减少空间得热。利用冬季落叶的藤蔓在夏季遮阳。常绿藤蔓可以在夏季遮阳，并且在冬季挡风。根据夏热冬暖地区的太阳辐射条件和建筑环境特点，遮阳设计应当考虑利用室外绿化和建筑的细部处理，如利用树木（季节性落叶乔木等）实现外遮阳；采取立体绿化方式（如在外墙下种植攀缘植物）对外围护结构进行遮阳隔热。

B4-1-3_4 控制玻璃幕墙窗高

夏热冬暖地区的建筑各朝向外窗（包括透光幕墙）均应采取遮阳措施。且玻璃幕墙尺寸不宜过大，大片玻璃幕墙会导致室内热辐射值大量增加，采用实墙与玻璃幕墙相结合，在保证玻璃幕墙效果的同时，隔绝部分太阳辐射。

相关规范与研究

《岭南特色超低能耗建筑技术指南》（2020版）提出了几种建筑绿化外表皮的设计方法，可以帮助夏热冬暖地区的建筑外表皮实现夏季阻隔部分太阳辐射。

典型案例 **何镜堂工作室**

（华南理工大学建筑设计研究院有限公司设计作品）

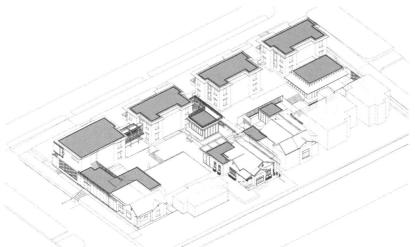

何镜堂工作室立体绿化分析

何镜堂工作室在改造的过程中将原场地中央被各户分割的绿地整合改造，保留了原有高大的乔木，精心布置了亭、台、廊、榭以及汀步、步石等建筑元素并与果树、花卉结合，成为整个建筑群的核心共享空间。同时在屋顶采用佛甲草作为屋顶绿植。

Building

[目的]

外围护界面是公共建筑实现内部自然通风的关键。只有形成通风口或通风廊道后，内外风压的存在才能保证自然通风效果。

[设计控制]

（1）夏热冬暖地区公共建筑屋面宜设置通风层，保持通风层气路通畅，开口应利于夏季主导风进入。

（2）夏热冬暖地区公共建筑宜在建筑内部界面的适当位置设置通风廊道，如开设通风口或可以调节的通风构造，保持建筑内部气流畅通，提高室内平均风速，改善室内热环境。

（3）夏热冬暖气候区的公共建筑外窗朝向不利于夏季或过渡季主导风进入室内空间时，可设置导风板加强对自然风的引导，提高室内平均风速，改善自然通风条件下的室内热环境，减少空调系统的运行时间。导风板设置于外窗利于夏季或过渡季主导风进入室内空间的一侧，利用风压将自然风向室内引导。

[设计要点]

在建筑内部界面的适当位置开设通风口或设置可以调节的通风构造，形成通风散热。

具体可以设置屋面通风层、内部设置通风廊道、设置局部导风板等。通过加强对自然风的引导，提高室内自然通风效率。利用风压形成穿堂风，提高夏季或过渡季自然通风条件下建筑运行时间内的室内平均风速，改善室内热环境。在给定风环境的条件下，通过实验模拟，优化室内风环境，提高夏季室内平均风速。

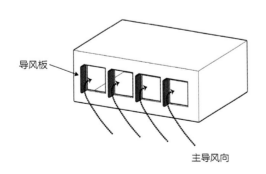

导风板示意图

关键措施与指标

通风引导：设计时考虑内围护结构对室内自然通风路径的引导，确保通风路径通畅。

相关规范与研究

《全国民用建筑工程设计技术措施》（2009版）节能专篇提到，建筑单体空间设计，在充分满足建筑功能要求的前提下，应对建筑空间进行合理分隔（包括平面分隔与竖向分隔），以改善室内通风、采光、热环境等。

[目的]

从公共建筑的使用者而言，内空间界面对于夏热冬暖地区气候来说，主要反映在阻隔外部太阳辐射上。通过内围护结构对不同性能空间热量的阻隔及热工分区，降低建筑的冷热负荷，达到建筑节能的目的，提升室内环境的舒适性。

[设计控制]

通过对内隔墙、楼板的设置及保温隔热性能的满足，实现建筑冷热负荷的降低。

[设计要点]

提高建筑内部门窗性能，通过隔热减少空间得热。可以在一定的条件下，通过实验模拟优化方案，改善室内热环境，降低空调能耗。

T 技术协同
echnology

T1技术选择。此部分介绍了结构和设备专业的绿色建筑技术要点，包括结构协同、设备空间集约化、可再生能源利用、高性能设备利用等，有利于建筑师全面了解重点绿色技术的原理和协同需求。

T2施工调试。此部分介绍了建筑施工和调试阶段的绿色技术要求，包括施工期的BIM应用、绿色施工管理、建筑围护系统和设备系统调试等，有利于建筑师全面了解绿色建造和调试过程。

T3运维测试与后评价。此部分介绍了运维测试阶段与后评价的技术要点，包括智能化运维管理、环境与能源监测、模拟结果与实地测试对比、建筑环境满意度调查，有利于建筑师全面了解建筑全周期中的运维测试及后评估过程。

T1 **技术选择**

T1-1 结构协同 142

T1-2 设备空间集约化 147

T1-3 可再生能源利用 151

T1-4 水资源优化利用 156

T1-5 高性能设备利用 158

T2 **施工调试**

T2-1 施工 164

T2-2 调试 169

T3 **运维测试与后评价**

T3-1 运维测试 171

T3-2 后评价 176

[目的]

在兼顾夏热冬暖气候的建筑空间形体和空间界面设计基础上，合理选用具有高强度、高耐久、防腐防潮的建筑结构材料，确保建筑结构的承载力和使用功能的安全耐久，满足建筑长期使用要求。

[设计控制]

夏热冬暖区夏季漫长，高温高湿，建筑结构材料受高温和潮湿影响严重，采用强度高、耐久性好和高性能的防水材料可以增强建筑安全性与延长建筑使用寿命。

[设计要点]

T1-1-1_1 选用高强度结构材料

（1）对于混凝土结构，需计算高强度钢筋比例、高强混凝土比例；对于钢结构，需计算高强钢材比例、螺栓连接节点数量比例；对于混合结构与组合结构，除计算以上材料之外，还需计算建筑结构比例。

（2）合理选用高强度建筑结构材料可减小构件的截面尺寸及材料用量以减轻结构自重，并可减小地震作用及地基基础的材料消耗。

（3）采用混合结构与组合结构时，考虑混凝土、钢的组合作用优化结构设计。

（4）对于强度控制的结构构件，优先选用高强度混凝土与高强钢材。

关键措施与指标

钢筋混凝土强度等级：

1）混凝土结构中梁、柱纵向受力普通钢筋应采用不低于400MPa级的热轧带肋钢筋。

2）高层建筑墙柱构件混凝土强度不低于C50，多层建筑混凝土竖向承重结构采用的高强混凝土强度等级降至C40。

3）高层钢结构和大跨度钢结构宜选用Q355级以上高强钢材。

4）高强度钢筋包括400MPa级及以上受力普通钢筋；高强混凝土包括C50及以上混凝土，对于多层建筑，考虑其竖向承重构件承担的荷载相对较小，对其竖向承重结构采用的高强混凝土强度等级降至C40。

相关规范与研究

高强度钢材包括现行国家标准《钢结构设计标准》GB 50017规定的Q355级以上高强钢材；采用混合结构与组合结构时，考虑混凝土、钢的组合作用优化结构设计，可达到较好的节材效果。

T1-1-1 2 采用高耐久结构材料

（1）对于混凝土构件，提高钢筋保护层厚度或采用高耐久性混凝土。
（2）对于钢构件，采用耐候结构钢及耐候型防腐涂料。
（3）对于木构件，采用防腐木材、耐久木材或耐久木制品。
（4）对于砌体构件，采用抗冻性能好的块体。

关键措施与指标

耐久性：

1）混凝土耐久性能计算指标包括抗冻融性能、抗渗性能、抗硫酸盐侵蚀性能、抗氯离子渗透性能、抗碳化性能及早期抗裂性能等。

2）满足建筑长期使用要求的首要条件即建筑结构承载力和建筑使用功能的安全与耐久程度，建筑运行期内还可能出现地基不均匀沉降、使用环境影响导致的钢材锈蚀等影响结构安全的问题。

3）使用高耐久的结构材料能够满足建筑在规定的使用年限内保持结构构件承载力和使用功能的要求，同时兼顾建筑外观维持。

相关规范与研究

（1）耐候结构钢是指符合现行国家标准《耐候结构钢》GB/T 4171要求的钢材；耐候型防腐涂料是指符合现行行业标准《建筑用钢结构防腐涂料》JG/T 224的Ⅱ型面漆和长效型底漆。

（2）多高层木结构建筑采用的结构木材材质等级应符合现行国家标准《木结构设计标准》GB 50005的有关规定。

典型案例 **华南理工大学国际校区预制柱**

（华南理工大学建筑设计研究院有限公司）

华南理工大学国际校区工程项目中，预制竖向构件从三层开始预制，二层作为现浇转换层。所有的预制竖向构件因考虑连接施工的便捷性以及生产开模成本因素，会尽量归并尺寸种类，减少构件类型。柱截面取值尽量统一，最典型截面为400mm×1000mm。

[目的]

在降雨量较大的我国夏热冬暖地区，应选取具有适度坡度和构造方式的建筑屋顶形式防雨防潮，采用安全稳定并满足绿色节能等工业化建造要求的建筑结构，能够使建筑更加适应当地的自然环境选择。

[设计控制]

在以我国广东地区为代表的夏热冬暖气候区，气温较高，降水丰沛，雨热同期，因而需要利用屋面等结构构件进行遮阳和防雨，性能良好与兼顾节能环保的结构，是湿热地区建筑介入自然环境的首选。

[设计要点]

T1-1-2 1 满足自排雨水的屋顶坡度

（1）建筑所处的位置纬度越低，降雨量越大，则所需屋顶坡度越大。当屋顶为坡面时，随坡度的增加其排雨水性能显著增强，建议采用不小于30°同时不宜过大的适度坡度和构造方式，以兼顾安全。

（2）尽量减少屋面高差变化与复杂程度，应采用简洁的屋面形式。

（3）选取适宜高效的屋面防水构造形式，以减少屋面积水造成的不利影响。

关键措施与指标

（1）屋顶迎风面坡度、背风面坡度：

降水对屋顶的影响较大，对坡屋顶的影响小于平屋顶，特别是在降雨量大的地区，屋顶坡度越大越利于排水；

风力对坡屋顶的影响也大于平屋顶，当坡顶坡度增加时，受到的风压力也随之增加；

随着屋顶坡度的增大，建筑造价随之提高，建筑对于风力和地震的抵御能力也会减弱，同时易在以传统材料覆盖的屋顶形式中引发滑落危险；

过于复杂的高低变化坡屋面形式不仅会形成多个保温薄弱部位，还易造成多个死角使积水难以排除，导致雨水渗透。

（2）女儿墙高度。

T1-1-2 2 安全与节能的结构形式

（1）采用符合工业化建造要求的结构体系与建筑构件，主体结构采用钢结构、木结构、组合结构及装配式混凝土结构。

（2）根据受力特点，在高层和大跨度结构中，合理采用钢结构与综合性能较强的钢和混凝土组合结构。

关键措施与指标

（1）优化结构性能：高层和大跨度结构的扭转振动变形较大，考虑风荷载和地震荷载对结构本身产生的影响，需要使用承载力较高、抗震性能好、重量较轻，同时具有较好耐火性能和防腐蚀性能的结构。

（2）结构性能：包括承载力、抗震性能、耐火性能和防腐蚀性能等。

相关规范与研究

（1）根据国家标准《绿色建筑评价标准》GB/T 50378—2019和《广东省绿色建筑评价标准》DBJ/T 15–83—2017的第9.2.5条，采用钢结构、木结构、组合结构及装配式混凝土结构不仅能够提高建筑质量，同时还符合减少人工、减少消耗、提高效率的工业化建造要求。

（2）结构设计应满足承载能力极限状态计算和正常使用极限状态验算的要求，并应符合国家现行相关标准的规定，包括但不限于《建筑结构可靠性设计统一标准》GB 50068、《建筑结构荷载规范》GB 50009、《混凝土结构设计规范》GB 50010、《钢结构设计标准》GB 50017、《砌体结构设计规范》GB 50003、《木结构设计标准》GB 50005及《高层建筑混凝土结构技术规程》JGJ 3等。

典型案例　国际校区预制柱的四面出浆设置

（华南理工大学建筑设计研究院有限公司）

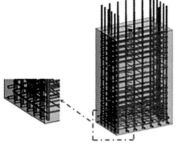

当预制柱灌浆施工实现四面出浆时，灌浆导管可不用弯曲环绕避开钢筋，直接在钢筋另一侧引出导管，减短浆料流经的导管长度，节省了导管和灌浆料，加快了灌浆的速度，提升了灌浆质量。为了提高灌浆孔的定位精度，在制备预制柱钢模时，根据钢筋排布的间距，在钢模上预留孔位，将从灌浆套筒伸出的导管固定，则能够避免灌浆管因浇筑混凝土而导致导管偏位或被埋没，重新返工。

Technology

[目的]

夏热冬暖地区公共建筑结构及屋面的承重构件设计应考虑降雨台风等气象条件的影响，合理选用高性能构件，加强与提高建筑构件的连接性和刚度。

[设计控制]

对于不同建筑结构，调整并优化构件体系，合理选用高性能构件以满足建筑安全需求。

[设计要点]

（1）对于由变形控制的结构与构件，应首先调整并优化结构体系、平面布局及加强构件连接性，提高整体结构及构件的刚度。

（2）在高层和大跨度结构中，合理采用钢与混凝土组合构件。

（3）钢—混凝土楼面，应考虑钢—混凝土的组合作用，优化钢梁结构断面。

关键措施与指标

高性能材料。

相关规范与研究

（1）建筑结构因温度等原因易发生变形，应调整并优化结构体系，满足国家现行标准《建筑结构可靠性设计统一标准》GB 50068等。

（2）选取高性能构件以满足建筑安全要求，对于材料的选择应符合现行国家标准《混凝土结构设计规范》GB 50010、《钢结构设计标准》GB 50017、《高层建筑混凝土结构技术规程》JGJ 3等。

典型案例 国际校区梁柱节点钢筋图及施工节点图

（华南理工大学建筑设计研究院有限公司）

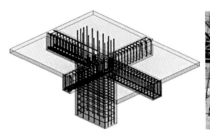 

在设计阶段时，将装配式构件节点进行分类，然后针对每种类型的节点进行BIM三维建模，进行钢筋排布，以方便现场施工为主，当钢筋直锚会碰撞时，设计时可将其优化为弯锚，弯锚不满足要求时，又可重新优化截面形式、节点形式等。

Technology

[目的]

设备机房是专为设置暖通、空调、给排水和电气等设备和管道且供人员进入操作用的房间，合理设计机房空间，有利于建筑空间的有效利用，节约建筑空间资源。

[设计控制]

（1）设备机房的设计应满足建筑防火要求。

（2）应合理安排设备机房的位置，设备机房应尽量靠近负荷需求（冷、热）中心，且不影响周围房间的环境。

（3）设备机房的高度应根据设备和管线的安装检修需要确定，机房设计高度应满足设备的进出和检修时的操作高度要求。

（4）设备机房面积应根据设备系统的集中和分散、冷热源设备类型等确定，并应满足设备的安装检修和日常管理的要求，设备机房面积的确定宜根据节约空间的原则，与相关专业设计人员沟通后确定。

[设计要点]

T1-2-1_1 机房位置

（1）机房的位置应考虑有良好的自然通风或机械通风。

（2）机房不宜设在有安静要求的房间上面、下面或贴邻，避免设备产生的振动、噪声和燃烧废气对周围环境和人们生活、生产造成影响。

T1-2-1_2 机房高度

设备类型及对应高度要求表

设备类型		高度要求		
		设备安装和起吊高度要求	设备间净高	设备最高点至梁下距离
活塞式、小型螺杆式制冷机		3.0～4.5m	≥3.0m	≥1.5m
离心式、大中型螺杆式制冷机		4.5～5.0m		
吸收式制冷机		4.5～5.0m		
空调机房		3.5～4.5m	3.5～4.5m	—
泵房	单个设备重不超过0.5t	≥3.0m	≥3.0m	—
	单个设备重超过0.5t	—	计算确定	—
热交换站		—	≥3.0m	—

T1-2-1_3 机房面积

机房面积应根据系统的集中和分散、冷热源设备类型等确定，对于全部空气调节的建筑物，其通风、空气调节与制冷机房和热交换站的面积可按空调总建筑面积的3%～5%考虑，其中风道和管道井约占空调总建筑面积1%～3%，冷冻机房面积约占空调总建筑面积的0.5%～1.2%。空调总建筑面积大时取最小值，总建筑面积小时取较大值。机房面积还应保证设备安装有足够的间距和维修空间，并留有扩建余地。

[目的]

建筑管线系统包括给水排水、热力、电力、电信、燃气等多种管线及其附属设施，工程管线的合理敷设有利于环境的美观及空间的合理利用，并保证建筑区域内的人员设施及工程管线自身的安全，减少对人们日常出行和生活的干扰。

[设计控制]

（1）管线布置应满足安全使用要求，并综合考虑其与建筑物、道路、环境相互关系和彼此间可能产生的影响。

（2）管线走向宜与主体建筑、道路及相邻管线平行。地下管线应从建筑物向道路方向由浅至深敷设。

（3）管线布置应力求线路短、转弯少，并减少与道路和其他管线交叉。

（4）建筑内管线布置应优化布置方案，达到空间利用的最优化。

[设计要点]

T1-2-2_1 地下管线之间最小水平净距与垂直净距

地下管线之间最小水平距离表（m）

管线名称		给水管		排水管		燃气管		电力电缆		电信电缆		热力管	
		d≤200	d>200	雨水	污水	低压	中压	直埋	缆沟	直埋	管道	直埋	管沟
								<35kV					
给水管	d≤200	—		1.0	1.0	0.5	0.5	0.5	0.5	1.0		1.5	
	d≥200			1.5	1.5								
排水管	雨水	1.0	1.5	—		1.0	1.2	0.5		1.0	1.0	1.5	1.5
	污水	1.0	1.5										
燃气管	低压	0.5	0.5	1.0		—		0.5	0.5	0.5	0.5	1.0	1.0
	中压	0.5	0.5	1.2				1.0	1.0	1.0	1.0	1.5	1.5
电力电缆	直埋	0.5		0.5		0.5	0.5	—		0.5		2.0	
	缆沟					1.0	1.0						
电信电缆	直埋	1.0		1.0		0.5	0.5	0.5		—		1.0	
	管道					1.0	1.0						
热力管	直埋	1.5		1.5		1.0	1.5	2.0		1.0		—	
	管沟												

地下管线之间最小垂直净距表（m）

管线名称		给水管	排水管	燃气管	热力管	电力电缆	电信电缆	电信管道
给水管		0.15	—	—	—	—	—	—
排水管		0.40	0.15	—	—	—	—	—
燃气管		0.15	0.15	0.15	—	—	—	—
热力管		0.15	0.15	0.15	0.15	—	—	—
电力电缆	直埋	0.15	0.5	0.5	0.5	0.5	—	—
	导管			0.15			—	—
电信电缆	直埋	0.5	0.5	0.5	0.15	0.5	0.25	0.25
	导管	0.15	0.15	0.15				
电信管道		0.15	0.15	0.15	0.15	0.5	0.25	0.25
明沟沟底		0.5	0.5	0.5	0.5	0.5	0.5	0.5
涵洞基底		0.15	0.15	0.15	0.15	0.5	0.2	0.25
铁路轨底		1.0	1.2	1.2	1.2	1.0	1.0	1.0

T1-2-2.2 管线埋设顺序

　　各种管线的埋设顺序一般按照管线的埋设深度，其从上往下顺序一般为：通讯电缆、热力管、电力电缆、燃气管、给水管、雨水管和污水管。

T1-2-2.3 建筑内综合管线

　　建筑内管线布置应综合考虑建筑地下室、管井和吊顶等空间位置，应采用BIM技术，协同设计给水排水、供暖、供冷、电力、电信、燃气等多种管线，优化布置方案。

相关规范与研究

　　（1）《通信管道与通道工程设计规范》GB 50373。

　　（2）《城市工程管线综合规划规范》GB 50289。

　　（3）为防止地震时空调管道失效及跌落造成人员伤亡及财产损失，根据《建筑抗震设计规范》GB 50981，对机电管线系统进行抗震加固。

典型案例　项目实践中运用BIM进行管线综合

（华南理工大学建筑设计研究院有限公司）

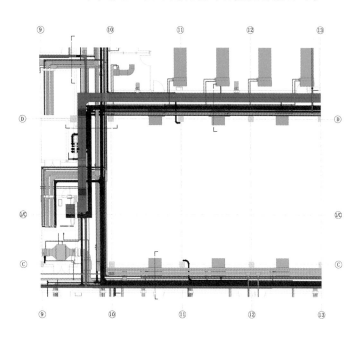

对管线相对集中、交叉、密集的部位，比如强弱电盘、表箱、集水器等进行管线综合，并在建筑设计和结构设计中加以体现，同时依据设备专业的施工图纸进行整体机电设备管线的预留预埋。机电设备管线系统采用集中布置，管线及点位预留、预埋到位。预制外墙预留预埋线盒、设备管线、空调留洞等。

[目的]

太阳能是通过把太阳的热辐射能转换成热能或电能进行利用的可再生能源，可分为太阳能光热利用和光伏利用两种形式。利用太阳能替代化石能源，可节约化石能源，减少对环境的污染。

[设计控制]

太阳能利用系统应根据夏热冬暖气候区特点、太阳能资源条件、建筑物类型、功能、周围环境，充分考虑建筑的负荷特性、电网条件、系统运行方式和安装条件，进行投资规模和经济性测算，选择合适的太阳能利用系统，并应与建筑一体化，保持建筑统一和谐的外观。

[设计要点]

T1-3-1_1 太阳能系统设计原则

（1）太阳能利用系统设计应纳入建筑工程设计，与建筑专业和相关专业同步设计、同步施工。

（2）太阳能热利用应考虑全年综合利用，太阳能供热采暖系统应考虑在非采暖期根据需求供应生活热水、夏季制冷空调或其他用热。

（3）太阳能热利用应根据建筑物的使用功能、集热器安装位置和系统运行等因素，经技术可行性和经济性分析，综合比较确定。太阳能光伏系统应考虑发电效率、发电量和系统安全，并应考虑国家关于电能质量指标的要求，根据是否有上网需求，并充分考虑当地电网政策和经济性，确定适合项目的实施方案。

（4）太阳能集热器和光伏组件等太阳能采集设备的安装应满足安全要求。

T1-3-1_2 负荷计算和选型设计

（1）太阳能集热系统设计负荷应选择其负担的采暖热负荷与生活热水供应负荷中的较大值，负担的采暖热负荷（供冷负荷）宜通过采暖季（供冷季）逐时负荷计算确定。

（2）放置在建筑外围护结构上的太阳能集热器和光伏板，冬至日集热器和光伏板采光面的日照时数不应少于6h，且不得降低相邻建筑的日照标准。

（3）太阳能光伏组件的参数选择和安装形式应根据建筑设计及其电力负荷确定，光伏系统最大装机容量应根据光伏组件规格及安装面积来确定。

（4）太阳能利用系统应有辅助热源设备或电力设备，在太阳辐射量不足的情况下，能够保障建筑的正常运行。

T1-3-1_3 太阳能利用系统设计

（1）安装在建筑物屋面、阳台、墙面和其他部位的太阳能集热装置和光伏组件，均应与建筑功能和造型一体化设计，建筑设计应根据集热装置和光伏组件的类型和安装特点，为设备的安装、使用、维护和保养提供必要的承载条件和空间。

（2）太阳能集热器总面积宜通过动态模拟计算确定，采用简化算法式时，应确保计算公式中的数据来源准确可靠。

（3）太阳能集热系统的设计流量应根据太阳能集热器阵列的串并联方式和每一阵列所包含的太阳能集热器数量、面积及太阳能集热器的热性能计算确定。

（4）太阳能并网光伏系统与公共电网之间应设隔离装置。光伏系统在供电负荷与并网逆变器之间和公共电网与负荷之间应设置隔离开关，隔离开关应具有明显断开点指示及断零功能。

（5）太阳能利用系统可应用新型高效的技术，在有条件的情况下，经过可行性分析，可采用太阳能空调系统、太阳能热电联产技术、槽式太阳能集热技术和薄膜太阳能发电技术等。

T1-3-1_4 太阳能利用系统安全

（1）安装在建筑上或直接构成建筑围护结构的太阳能集热装置，应有防止热水渗漏的安全保障措施。安装在建筑各部位的光伏组件，包括直接构成建筑围护结构的光伏构件，应具有带电警告标识及相应的电气安全防护设施。

（2）太阳能集热器和光伏组件在建筑围护结构上安装时，应满足建筑结构设计要求，设备支架的设计应采取提高支架基座与主体结构间附着力的措施，满足风荷载、雪荷载与地震荷载作用的要求。

典型案例 深圳市园艺博览园兆瓦级并网光伏电站
——游客服务管理中心

深圳国际园林花卉博览园的1MWp并网太阳能电站分为五个子系统，分别安装在四个场馆：综合展馆、花卉展馆、游客服务管理中心和南区游客服务中心及北区东山坡，电站总容量为1000.322kWp。

（注：$1k＝1千＝10^3$）

案例资料来源：http://www.shses.org/item.asp?id=355.

Technology

[目的]

建筑内的风能利用是指有可利用自然通风的条件下，利用热压或风压的作用，通过设置通风烟囱、天井等设施进行自然通风，排出建筑内的余热余湿及污浊空气，补充进新鲜空气，得到舒适的建筑内环境。

[设计控制]

建筑内自然通风应根据建筑场地设计以及与建筑内空气质量和自然通风需求相关的建筑设计，确定建筑形式、平面及纵向的空间布局设计，以及建筑的开口形式、位置和大小，并应考虑建筑外气象参数变化时，通风口的开启和遮挡类型，以及运行控制策略。

[设计要点]

T1-3-2_1 风能利用条件

确定风能可利用的条件，应综合考虑建筑类型、各建筑空间使用时间表、当地气候参数、不适宜通风小时数、建筑内余热余湿量等参数，通过CFD等技术手段，确定自然通风潜力，并确定自然通风策略。

T1-3-2_2 场地和建筑设计

（1）应根据当地全年风向图，以及建筑周边的地形，确定最佳的气流利用方式，兼顾夏季与冬季的舒适条件，设置屏障避免不利的气流和由此带入的污染物，并最终确定建筑的位置、布局、形式和朝向。

（2）建筑群平面布置应采取相对分散的布局模式，优先考虑错列式、斜列式等布置形式。

（3）建筑表皮的形式应根据气流组织形式和气流速度，依据CFD技术，综合确定建筑高度、屋顶形式、长宽比和建筑表皮肌理。

（4）利用穿堂风进行自然通风的建筑，迎风面与夏季最多风向宜成60°～90°角，且不应小于45°，同时应考虑可利用的春秋季风向以充分利用自然通风。

（5）建筑迎风面与计算季节的最多风向成45°～90°角时，该面上的外窗或有效开口利用面积可作为进风口进行计算，建筑出风口的大小应不小于进风口的大小，防止在流量一定的情况下流速过大。

T1-3-2_3 风能系统设计

（1）采用自然通风，自然通风量的计算应同时考虑热压和风压的作用。

（2）通风量应综合考虑建筑通风区域内发热量、散湿量和污染物排放量等参数，通过计算得到。

（3）建筑内气流组织的分布应与建筑设计相协调，宜采用CFD技术进行模拟计算，优化气流组织方案。

（4）宜采用被动式通风技术强化自然通风，被动式自然通风可采用捕风装置、屋顶无动力风帽、太阳能诱导、设置通风井和地道风等技术措施。

Technology

关键措施与指标

广州地区室外气象设计参数：

夏季空调室外计算干球温度：34.2℃；

夏季空调室外计算湿球温度：27.8℃；

冬季空调室外计算干球温度：5.2℃；

夏季通风室外计算相对湿度：68%；

冬季空调室外计算相对湿度：72%；

夏季平均室外风速、主导风向：1.7m/s、SSE；

冬季平均室外风速、主导风向：2.3m/s、NNE；

夏季大气压力：1004.0hPa；

冬季大气压力：1019.0hPa。

相关规范与研究

（1）《民用建筑供暖通风与空气调节设计规范》GB 50736。

（2）《公共建筑节能设计标准》GB 50189。

（3）《民用建筑热工设计规范》GB 50176。

（4）《建筑外门窗气密、水密、抗风压性能分级及检测方法》GB/T 7106。

（5）《建筑幕墙》GB/T 21086。

典型案例 华南理工大学国际校区示范项目拔风井设计

（华南理工大学建筑设计研究院有限公司）

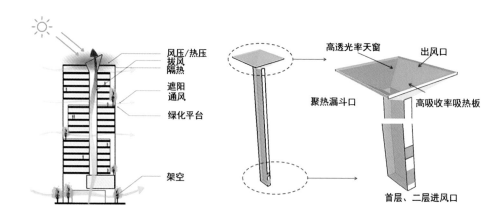

华南理工大学国际校区示范项目进行了拔风井设计，建筑风压差可达5Pa以上，在迎风面设置多个进风口，引导来流风进入室内，再经由走廊或天井出室外形成穿堂风，集热面面积与建筑高度比为3：1。

[目的]

本导则中的地热能是指蕴藏在浅层地表层的土壤、岩石、水源中的可再生能源，建筑领域中主要的利用方式是地源热泵技术。浅层地热能的广泛利用可极大降低对常规能源特别是化石能源的依赖性，缓解我国常规能源严重不足的矛盾，减少污染物排放。

[设计控制]

地埋管地源热泵系统应在建筑全年供热与供冷负荷计算的基础上，通过工程场地状况调查和对浅层地热能资源的勘察，进行系统实施的可行性和经济性分析，保证地源热泵系统在运行期内，热泵运行效果长期不下降，系统运行费用合理，并保证地源侧换热器的蓄能量与释能量平衡。

[设计要点]

T1-3-3_1 建筑负荷计算

地源热泵系统选择和设备选型之前，应对建筑物的冷、热负荷进行逐时精确计算，在峰值负荷的基础上，选择系统设备，且应分析全年运行工况下的逐时负荷的情况，并应有逐时模拟程序进行能耗分析，对地源侧换热器进行预估后，将地源侧与负荷侧耦合计算，进行逐时模拟，得到地源侧出水温度和逐时变化曲线，以及全年的蓄能、释能变化曲线，分析蓄能、释能是否平衡。

T1-3-3_2 地埋管换热系统设计

（1）地埋管换热系统设计前，应根据工程勘察结果评估地埋管换热系统实施的可行性和经济性。

（2）地埋管换热系统设计应进行全年动态负荷计算，最小计算周期宜为1年，计算周期内，地源热泵系统总释热量宜与其总吸热量相平衡。

（3）地埋管换热器换热量应满足地源热泵系统最大吸热量或释热量的要求。

（4）当建筑面积在5000m²以上时，应进行岩土热响应试验，并应利用岩土热响应试验进行地埋管换热器的设计，地埋管的埋管方式、规格和长度，应根据冷（热）负荷、占地面积、岩土层结构、岩土体热物性和机组性能等因素确定。

[目的]

雨水收集利用是将发展区内的雨水径流量控制在开发前的水平，即拦截、利用硬化面上的雨水径流增量，包括雨水入渗、收集回用和调蓄排放等。通过雨水收集利用，可减小外排雨水峰流量和总量，替代部分传统水源，补充土壤含水量。

[设计控制]

雨水控制及利用系统应使场地在建设或改建后，对于常年降雨的年径流总量和外排径流峰值的控制达到建设开发前的水平，并应满足当地海绵城市规划控制指标要求。

[设计要点]

T1-4-1_1 适用条件

雨水收集利用适用于雨量充沛、汇水面雨水收集效率高的地区，所在地区常年降雨量应大于400mm，收集的雨水应为较洁净的雨水，可从屋面、水面和洁净地面收集得到，传染病医院的雨水、含有重金属污染和化学污染等地表污染严重的场地雨水不得采用雨水收集回收系统。

T1-4-1_2 雨水收集回收利用

雨水回用应优先作为景观水体的补充水源，其次为绿化用水、空调循环冷却水、汽车冲洗用水、路面与地面冲洗用水、冲厕用水、消防用水等，不可用于生活饮水、游泳池补水等。

T1-4-1_3 雨水水质要求

不同用途的回用雨水的COD（化学需氧量）和SS（悬浮物）指标应满足下表的要求。

不同用途回用雨水对应指标要求表

项目指标	循环冷却系统补水	观赏性水景	娱乐性水景	绿化	车辆冲洗	道路浇洒	冲厕
COD≤（mg/L）	30	30	20	30	30	30	30
SS≤（mg/L）	5	10	5	10	5	10	10

T1-4-1_4 雨水收集利用形式

根据建设用地内对年雨水径流总量和峰值，以及当地海绵城市规划控制指标要求，结合当地气候特点及非传统水源的供应情况，合理确定雨水利用的径流总量，雨水入渗、积蓄、处理及利用的方案应根据建筑和场地的需要确定。

[目的]

中水是各种排水经处理后达到规定的水质标准，可在生活、市政、环境等范围内利用的非饮用水。中水利用可实现污、废水资源化，节约用水，治理污染，保护环境。

[设计控制]

缺水城市和地区的公共建筑，总体规划设计时应考虑中水设施建设的可行性，应根据当地有关部门的规定结合当地各种污、废水资源，以及当地的水资源情况和经济发展水平，充分利用、配套建设中水设施。建筑中水设计必须有确保使用、维修的安全措施，严禁中水进入生活饮用水给水系统。

[设计要点]

T1-4-2_1 中水用途和水质

建筑中水用途主要是城市杂用水，包括冲厕、浇洒道路、绿化用水、消防、车辆冲洗、建施工等。中水在不同用途的水质标准应满足相关标准的规定，中水同时满足多种用途时，其水质应按最高水质标准确定。

T1-4-2_2 中水水源和水量

建筑小区中水水源的选择要根据水量平衡和技术比较确定，并优先选用水量充裕、稳定、污染物浓度低、水质处理难度小，安全且居民易接受的中水水源。

T1-4-2_3 中水系统形式

中水工程设计应按系统工程考虑，做到统一规划、合理布局、相互制约和协调配合，实现建筑或建筑小区的使用功能、节水功能和环境功能的统一。建筑物中水宜采用原水污、废分流，中水专供的完全分流系统。

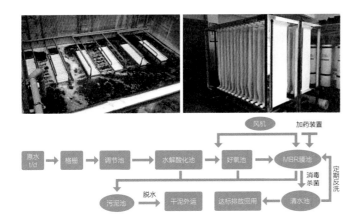

典型案例 **某中水处理设备工艺流程图**

（华南理工大学建筑设计研究院有限公司）

该中水处理设备出水水质优良、稳定，中水回收效益好，工艺简单可靠。运用膜的高效分离作用，不必单独设立沉淀、过滤等固液分离池。系统抗冲击性强，适应范围广，满足自动化、模块化设计和使用需求。

Technology

[目的]

冷热源设备是向建筑物内提供热量或冷量的设备，合理配置能源系统，采用高性能的冷热源设备有利于节约能源消耗量，提高能源利用率，减少碳排放。

[设计控制]

（1）供暖空调冷源与热源应根据建筑规模、用途、建设地点的能源条件、结构、价格以及国家节能减排和环保政策的相关规定，通过综合论证而确定。选用冷热源时应首先考虑天然冷热源，无条件利用天然冷热源时可采用人工冷热源。

（2）冷热源的选择原则，应先考虑工业余热或可利用废热、浅层地热、可再生能源，然后是城市热网和电网，再考虑燃气锅炉和燃气吸收式供热供冷，后考虑分布式燃气冷热电三联供，在有分时电价和峰谷电价差的地区，可考虑采用蓄能供热供冷。

（3）冷热源设备应选择性能优良，调节性能好的机型，集中空调系统的冷水（热泵）机组的台数及单机制冷量应能适应空调负荷全年变化规律，满足季节及部分负荷要求。

[设计要点]

T1-5-1_1 设备设计容量

电动压缩式冷水机组的总装机容量，应根据计算的空调系统冷负荷值直接选定，不另作附加；在设计条件下，当机组的规格不能符合计算冷负荷的要求时，所选择机组的总装机容量与计算冷负荷的比值不得超过1.1。

T1-5-1_2 制冷性能系数COP

采用电机驱动的蒸气压缩循环冷水(热泵)机组时，其在名义制冷工况和规定条件下的性能系数（COP）应不低于下表（上）中规定。其中，水冷变频离心式机组的性能系数（COP）不应低于表中数值的0.93倍；水冷变频螺杆式机组的性能系数（COP）不应低于表中数值的0.95倍。

T1-5-1_3 能效比EER

采用名义制冷量大于7.1kW、电机驱动的单元式空气调节机、风管送风式和屋顶式空气调节机组时，其在名义制冷工况和规定条件下的能效比（EER）不应低于下表（下）中的数值。

Technology

冷水（热泵）机组的制冷性能系数（COP）

类型		名义制冷量CC（kW）	性能系数COP（W/W）					
			严寒A、B区	严寒C区	温和地区	寒冷地区	夏热冬冷地区	夏热冬暖地区
水冷	活塞式/涡旋式	CC≤528	4.10	4.10	4.10	4.10	4.20	4.40
	螺杆式	CC≤528	4.60	4.70	4.70	4.70	4.80	4.90
		528＜CC≤1163	5.00	5.00	5.00	5.10	5.20	5.30
		CC＞1163	5.20	5.30	5.40	5.50	5.60	5.60
	离心式	CC≤1163	5.00	5.00	5.10	5.20	5.30	5.40
		1163＜CC≤2110	5.30	5.40	5.40	5.50	5.60	5.70
		CC＞2110	5.70	5.70	5.70	5.80	5.90	5.90
风冷或蒸发冷却	活塞式/涡旋式	CC≤50	2.60	2.60	2.60	2.60	2.70	2.80
		CC＞50	2.80	2.80	2.80	2.80	2.90	2.90
	螺杆式	CC≤50	2.70	2.70	2.70	2.80	2.90	2.90
		CC＞50	2.90	2.90	2.90	3.00	3.00	3.00

几种空气调节机组能效比（EER）

类型		名义制冷量CC（kW）	能效比EER（W/W）					
			严寒A、B区	严寒C区	温和地区	寒冷地区	夏热冬冷地区	夏热冬暖地区
风冷	不接风管	7.1＜CC≤14.0	2.70	2.70	2.70	2.75	2.80	2.85
		CC＞14.0	2.65	2.65	2.65	2.70	2.75	2.75
	接风管	7.1＜CC≤14.0	2.50	2.50	2.50	2.55	2.60	2.60
		CC＞14.0	2.45	2.45	2.45	2.50	2.55	2.55
水冷	不接风管	7.1＜CC≤14.0	3.40	3.45	3.45	3.50	3.55	3.55
		CC＞14.0	3.25	3.30	3.30	3.35	3.40	3.45
	接风管	7.1＜CC≤14.0	3.10	3.10	3.15	3.20	3.25	3.25
		CC＞14.0	3.00	3.00	3.05	3.10	3.15	3.20

Technology

[目的]

输配设备是向建筑内输送空气或载热（冷）剂的设备，主要设备是风机和水泵。建筑冷热输配系统的能耗占暖通空调系统总能耗的20%～60%，高性能输配设备将有助于降低建筑暖通空调系统的能耗。

[设计控制]

输配系统中的风机和水泵应选择高效、易控制的设备，应根据管路特性曲线和设备性能曲线进行选择。根据系统的特性和全年冷热负荷分布特性，风机和水泵宜选用台数控制或变频控制方式。

[设计要点]

T1-5-2_1 单位风量耗功率

空调风系统和通风系统的风量大于10000m³/h时，风道系统单位风量耗功率（Ws）不宜大于表中的数值。

风道系统单位风量耗功率Ws [W/（m³/h）]

系统形式	Ws限值
机械通风系统	0.27
新风系统	0.24
办公建筑定风量系统	0.27
办公建筑变风量系统	0.29
商业、酒店建筑全空气系统	0.30

T1-5-2_2 供暖耗电输热比EHR-h

在选配集中供暖系统的循环水泵时，应计算集中供暖系统耗电输热比EHR-h，耗电输热比应根据系统形式和水泵的性能参数，确定允许的最大值。

T1-5-2_3 空调耗电输冷（热）比EC(H)R-a

在选配空调冷（热）水系统的循环水泵时，应计算空调冷（热）水系统起电输冷（热）比EC(H)R-a，并应根据空调系统形式和水泵的性能参数，确定允许的最大值。

[目的]

节水设备与器具要求设计先进合理，性能优良，较长时间内可免维修，不发生跑、冒、滴、漏等现象，同时在使用过程中，满足相同用水功能的条件下，较常规产品可以减少用水量。采用高性能的节水设备与器具，可以减少水量消耗，减小维修次数，并达到节约水资源，保护环境，减少碳排放的目的。

[设计控制]

建筑中的卫生器具和配件应根据建筑用水需求和建筑形式，在保证用水水质的条件下，选用符合国家现行有关标准的节水型生活用水器具。

[设计要点]

公共场所卫生间的洗手盆应采用感应式水嘴或延时自闭式水嘴等限流节水装置，小便器应采用感应式或延时自闭式冲洗阀，坐式大便器宜采用设有大、小便分档的冲洗水箱，蹲式大便器应采用感应式冲洗阀、延时自闭式冲洗阀等。

关键措施与指标

（1）节水、节能措施：

1）绿化浇灌、道路及车库冲洗用水采用雨水回用水供给。

2）选用节水型卫生洁具及配水件。

3）选用性能高的阀门、零泄漏阀门等。

4）控制卫生器具出水压力，避免高压力大流量出流。各层给水用水点供水压力不大于0.30MPa，且不小于用水器具要求的最低工作压力。

5）用水分级计量，按用水性质、用途和付费单元分别设置水表计量用水。

（2）节水龙头：公共卫生间水龙头采用感应式水嘴，水嘴用水效率等级应满足GB 25501—2010《水嘴用水效率限定值及用水效率等级》中的2级指标，即水嘴流量不应大于0.125L/s。

相关规范与研究

建筑平均日用水量满足现行国家标准《民用建筑节水设计标准》GB 50555—2010中3.1部分关于节水用水定额的要求；选用节水型卫生洁具及配水件，所有用水部位均采用节水器具和设备，应满足《节水型生活用水器具》CJ 164及《节水型产品技术条件与管理通则》GB 18870的要求，用水效率为2级。

Technology

[目的]

使得建筑空间内或工作区获得良好的视觉效果、合理的照度和显色性，以及适宜的亮度分布，采用天然光源或工人光源的设备。高性能的照明设备是在保证整个照明系统的效率、照明质量的前提下，减少能源的消耗，实施绿色照明工程，保护环境，节约能源。

[设计控制]

照明设计时，应首先考虑可采用天然光源的设备，在不具备天然光源的条件下，可选择人工光源；采用人工光源设备时，应根据建筑不同使用功能和照明需求，在进行经济性对比分析的前提下，选择高效节能照明设备和附件，选择合理的照明方式和控制方式，以降低照明电能消耗。

[设计要点]

T1-5-4_1 天然光源设备

当有条件时，宜利用各种导光和反光装置将天然光引入室内进行照明，利用太阳能作为照明能源。

天然光营造的光环境以经济、自然、宜人、不可替代等特性为人们所习惯和喜爱。各种光源的视觉试验结果表明，在同样照度条件下，天然光的辨认能力优于人工光。天然采光不仅有利于照明节能，而且有利于增加室内外的自然信息交流，改善空间卫生环境，调节空间使用者的心情。在建筑中充分利用天然光，对于创造良好光环境、节约能源、保护环境和构建绿色建筑具有重要意义。

T1-5-4_2 人工光源选择

一般照明在满足照度均匀度条件下，宜选择单灯功率较大、光效较高的光源。

T1-5-4_3 发光二极管灯LED

在公共建筑的走廊、楼梯间、厕所，地下车库的行车道、停车位，以及无人长时间逗留，只进行检查、巡视和短时操作等工作的场所，宜选用配用感应式自动控制的发光二极管灯。

关键措施与指标

　　可见光反射比：综合考虑节能、采光和防止光污染，选用Low-E中空玻璃，在保证较好的热工性能的前提下，外表面可见光反射比不大于0.20；合理控制夜景照明灯具的眩光值和灯具上射光通比的最大值，避免对行人和行车造成眩光。参照第二代Low-E玻璃的性能参数，高透性的玻璃可满足热工要求的同时，室外可见光反射比不大于20%。

相关规范与研究

（1）《建筑采光设计标准》GB 50022。
（2）《建筑照明设计标准》GB 50034。

典型案例 华南理工大学国际校区示范项目采光模拟分析
（华南理工大学建筑设计研究院有限公司）

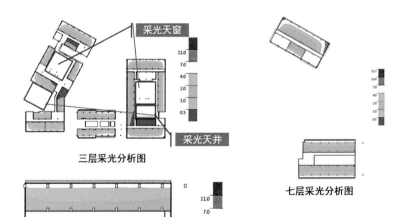

三层采光分析图

塔楼标准层采光分析图

七层采光分析图

　　建筑平面设置采光天窗和天井，平衡采光均匀度并增加采光光源，整体区域采光环境良好，约有65%以上的区域采光系数满足相关标准要求。

Technology

[目的]

施工组织设计是用来指导施工项目全过程各项活动的技术、经济和组织的综合性解决方案，是施工技术与施工项目管理有机结合的产物。通过协同施工技术可以对项目的一些重要的施工环节进行模拟和分析，以提高施工计划的可行性；同时也可以利用协同施工技术结合施工组织计划进行预演，以提高复杂建筑体系（施工模板、玻璃装配、锚固等）的可建造性。借助协同施工技术对施工组织的模拟，项目管理方能够非常直观地了解整个施工安装环节的时间节点和安装工序，并清晰把握在安装过程中的难点和要点，施工方也可以进一步对原有安装方案进行优化和改善，以提高施工效率和施工方案的安全性。

[设计控制]

建筑施工是一个高度动态的过程，随着工程规模不断扩大，复杂程度不断提高，施工项目管理变得极为复杂。当前建筑工程项目管理中经常用来表示进度计划的甘特图，由于其专业性强，可视化程度低，无法清晰描述施工进度以及各种复杂关系，难以准确表达工程施工的动态变化过程。通过将BIM与施工进度计划相链接，将空间信息与时间信息整合在一个可视的模型中，可以直观、精确地反映整个建筑的施工过程，从而合理制定施工计划，精确掌握施工进度，优化使用施工资源以及科学地进行场地布置，对整个工程的施工进度、资源和质量进行统一管理和控制，以缩短工期、降低成本、提高质量。

[设计要点]

（1）BIM多专业协同的应用：机电专业利用BIM技术进行深化设计、预拼装，提高机电深化设计和加工、安装的质量与效率。

（2）BIM在施工方案可视化分析的应用：利用BIM技术对幕墙单元板块构件进行电脑预拼装，大幅提高幕墙深化设计和加工效率。

（3）BIM在移动终端应用：BIM组和施工现场的同事配备iPad ，iPad节省图纸打印的费用，在一定程度上达到了办公无纸化，方便确认设计碰撞或者现实施工条件等，在模型中还可以对现场发现的问题进行标注。

（4）BIM和3D扫描的结合应用：三维激光扫描结合BIM技术提高施工现场检测监控能力。

典型案例 华南理工大学国际校区项目BIM应用

（华南理工大学建筑设计研究院有限公司）

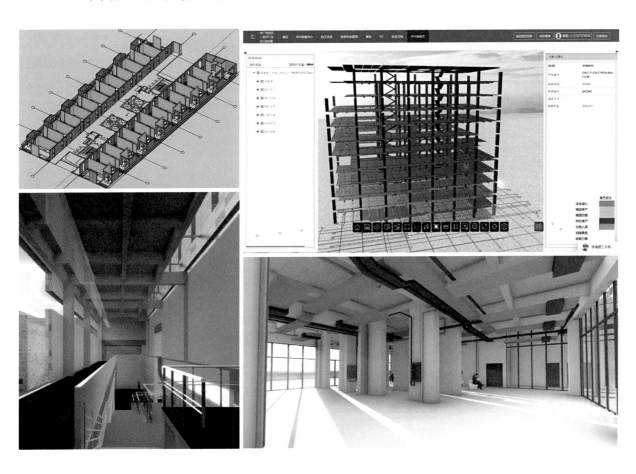

[目的]

工程建设中，在保证质量、安全等基本要求的前提下，通过科学管理和技术进步，最大限度地节约资源与减少对环境负面影响的施工活动，实现四节一环保（节能、节地、节水、节材和环境保护）。

[设计控制]

实施绿色施工，应依据因地制宜的原则。绿色施工应是可持续发展理念在工程施工中全面应用的体现。绿色施工并不仅仅是指在工程施工中实施封闭施工，没有尘土飞扬，没有噪声扰民，在工地四周栽花、种草，实施定时洒水等这些内容，它涉及可持续发展的各个方面，包括环境保护、资源节约和过程管理等内容。

[设计要点]

T2-1-2_1 资源节约

（1）制定并实施施工节能节水和用能用水方案。

（2）减少预拌混凝土、钢筋的损耗。

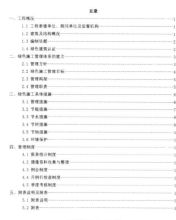

节能节水方案　　　　　　　　电量抄表表格　　　　　　　　施工电表

资源节约示意图

关键措施与指标

（1）预拌混凝土损耗率：在绿色施工中控制预拌混凝土损耗率降低1.5%。

（2）钢筋损耗率：在绿色施工中控制钢筋损耗率降低4.0%。

相关规范与研究

《绿色建筑评价标准》（GB/T 50378—2019）提到关于资源节约的相关规定。

T2-1-2_2 过程管理

（1）实施设计文件中绿色建筑重点内容（专项交底记录、施工日志等）；

（2）严格控制设计文件变更，避免出现降低建筑绿色性能的重大变更（绿色建筑重点内容设计文件变更记录、洽商记录、会议纪要、设计变更申请表、设计变更通知单、施工日志记录等）；

（3）施工过程中采取相关措施保证建筑的耐久性；

（4）实施土建装修一体化施工。

T2-1-2_3 环境保护

（1）采取洒水、覆盖、遮挡等降尘措施；

（2）采取有效的降噪措施，在施工场界测量并记录噪声；

（3）制定并实施施工废弃物减量化、资源化计划。

冲洗轮胎

裸土覆盖

噪声监测

木板再利用

废旧模板制成楼梯台阶

降噪措施

环境保护示意图

关键措施与指标

（1）扬尘高度：土石方作业区内扬尘目测高度应小于1.5m，结构施工、安装、装饰装修阶段目测扬尘高度应小于0.5m，不得扩散到工作区域外；

（2）施工噪声：建筑施工场界环境噪声排放限值昼间70dB（A）、夜间55dB（A）；

（3）废弃物排放量：每10000m²建筑面积施工固体废弃物排放量SWc≤400t。

相关规范与研究

《绿色建筑评价标准》（GB/T 50378—2019）提到关于环境保护的相关规定。

[目的]

建筑系统调试，涵盖了建筑内部的光、热、水、电、空气质量、交通、消防安全、安保、通信等众多子系统，这些系统决定了建筑的能耗以及使用人员的舒适度。而在各类建筑的评价系统中，能耗以及人员的舒适度，占据了相当一部分的份额。建筑系统是否达到设计要求，决定着建筑最终运行能耗的多寡以及使用人员的真正的舒适程度，也是建筑能否成为真正的绿色建筑的关键。同时，物业管理团队能否接收到一个运行可靠、操作维护方便的建筑系统，调试将起到至关重要的作用。

[设计控制]

工程竣工前，由建设单位组织有关责任单位，进行建筑围护系统及机电系统的综合调试和联合试运转，结果应符合设计要求。

[设计要点]

`T2-2-1_1` 机电系统调试

机电系统调试的主要内容包括制定完整的机电系统综合调试和联合试运转方案，对通风空调系统、空调水系统排水系统、热水系统、电器照明系统、动力系统的综合调试过程以及联合试运转过程。其中建设单位是机电系统综合调试和联合试运转的组织者，根据工程类别、承包形式，建设单位也可委托代建公司和总承包单位组织机电系统综合调试和联合试运转。

机电设备调试

关键措施与指标

（1）空调风系统调试。

（2）空调水系统调试。

（3）给水管道系统调试。

（4）热水系统调试。

（5）电气照明及动力系统调试。

（6）综合调试和联合试运行。

相关规范与研究

《通风与空调工程施工质量验收规范》GB 50243—2016提到一系列的设备调试具体方法。

Technology

T2-2-1_2 建筑围护系统调试

围护结构热工性能及气密性对于室内空调冷热负荷有较大影响，是决定建筑能耗大小的重要因素。围护结构的调试主要包括整体气密性及热工性能缺陷检测。

建筑围护系统整体气密性检测　　　　　　　　　建筑热工缺陷检测

关键措施与指标

（1）整体气密性调试：

应先对建筑整体气密性能进行验证，宜按照下列步骤进行：①选择需验证的典型房间或者单元。②逐一对选择房间或者单元进行整体气密性进行检测，按照《建筑物气密性测定方法 风扇压力法》GB/T 34010—2017的方法进行。③根据检测结果，评估气密性调试后的改善效果，判定其是否满足调试目标要求或者不大于1次/h。

（2）热工缺陷检测：

现场检查施工质量，采用红外热像仪，依据《居住建筑节能检测标准》JGJ/T 132—2009，对外墙、屋面及地面热工缺陷进行检测分析，评估其影响程度大小。

相关规范与研究

《建筑物气密性测定方法 风扇压力法》GB/T 34010—2017和《公共建筑节能检测标准》JGJ/T 177—2009中对建筑维护系统调试提到相关标准。

Technology

[目的]

通过智能化运维管理平台对建筑物设备进行全生命周期管理。在系统集成的基础上完成数据采集传输，通过数据中台进行数据存储、数据整合、数据管理，实现数据资产全生命周期管理。通过整合大数据和人工智能算法，快速洞察人力难以企及的故障和问题，准确预测风险，化被动为主动运维。

[设计控制]

需以业务需求为导向，运用顶层设计方法，确定智能化运维管理建设的战略总目标，自上向下，将总目标逐项、逐层分解，确保各条线、各层级子目标均与战略总目标保持一致，包括指标体系、运管体系、业务流程规划、信息设施的设计和信息系统响应等。

[设计要点]

T3-1-1_1 设备管理

基于可视化模型，对建筑大楼内的所有机电设备进行集中监视和管理，直观地展示系统实时运营参数、便捷的操作系统控制参数，同时降低了操作的专业门槛，系统大部分时间按照系统内置模式自动运行，降低了运营的人力需求。

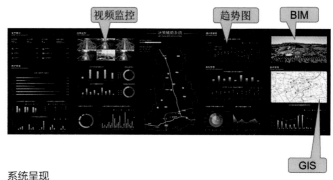

系统呈现

T3-1-1_2 能源管理

将仪表类（冷热量、水、电和燃气）的设备进行详细登记，记录表与设备设施的关联性，仪表读数所涉及运行的管理范围。读取系统中仪表读数记录，作为能耗统计的基础数据，可查看仪表详情，能够浏览仪表所管辖区域的耗能设备以及仪表周期性读数记录，作为能耗分析的依据。通过算法提供能源管理优化方案。

T3-1-1_3 事件管理

对离散监控系统的告警消息与数据指标进行统一的接入与处理，支持告警事件的过滤、通知、响应、处置、定级、跟踪以及多维分析，实现问题事件生命周期的全局管控，以及基于事件的告警收敛、异常检测、根因分析、智能预测。

Technology

T3-1-1_4 维修管理

　　提供全面的维修计划管理，编制设施设备巡检、维修维护计划，设定任务执行人或者组织，及设定任务执行所需的工具与物料、任务执行参考步骤等，准确地预测未来的维修工作需要的资源和费用，有效地跟踪巡检工作，降低维修费用，减少停机次数。支持新建应急性任务，能够根据潜在风险和资源情况制定安全维护计划，支持接收智能硬件或自控系统报警信息，将问题在模型中快速定位并高亮标示，并联动相关设备，使管理人员快速了解当前设备总体运行状况，通过设备系统之间的上下游关系快速排查故障原因，辅助制定应急计划。同时，预警信息可自动发送至移动端生成应急任务。实现工单闭环流转，实现工单创建、发送、计划、排程、任务分配、工单汇报、工单分析与查询统计功能。

T3-1-1_5 资产全生命周期管理

　　将各类设施、设备资产进行统一管理，建立基础台账信息：包括设备的名称、编码、型号、规格、材质、单价、供应商、制造厂、对应备件号、采购信息，如采购日期、采购单价、保修信息、专业、类型、类别等。通过采购、入库、维修、借调、领用、分配、定位、折旧、报废、盘点，实现设备资产全生命周期管理，简化、规范日常操作，对管理范围内的设备进行评级管理、可靠性管理和统计分析，提高管理的效率和质量。

T3-1-1_6 移动端应用

　　管理人员在巡检时携带平板电脑或智能手机进行巡检，读取设备对应电子标签或扫描设备对应的条码之后，平板电脑或智能手机会自动记录下电子标签的编码和读取的准确日期和时间，并自动提示该设备需做的维保工作内容。工程人员按维保工作内容进行工作并记录巡查、检测结果。如果发现设备故障，工程人员就可以使用平板电脑或智能手机记录问题并拍照，然后上传至管理平台，系统自动生成内部派工单进行维修处理。

移动端应用呈现

T3-1-1_7 日志管理

实现离散日志数据的统一采集、处理、检索、模式识别、可视化分析及智能告警，可应用于统一日志管理、基于日志的运维监控与分析、调用链监控与追踪、安全审计与合规，以及各种业务分析场景。

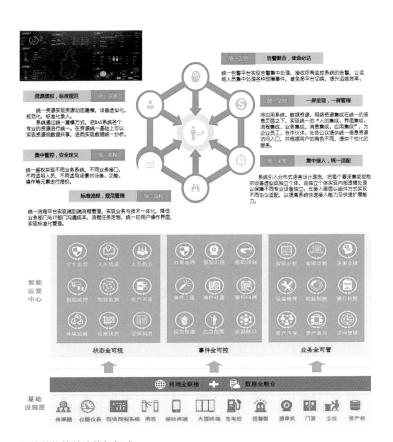

系统整体软件功能与组成

[目的]

通过环境与能耗监测，进行数据存储和分析，实现对节约资源、优化环境质量管理的功能，确保在建筑全生命期内对建筑设备运行具有辅助支撑的功能，实现绿色节能的目标。

[设计控制]

通过对室内外环境监测，对能耗进行分项计量，积累各种数据进行统计分析和研究，平衡健康、舒适和节能间的关系，从而建立科学有效的节能运行模式与优化策略方案。

[设计要点]

T3-1-2_1 室内外环境监测

主要包括室外微气候（自动气象观测站设于屋顶及地面）、室内光环境（照度）、室内空气品质（PM10、PM2.5、CO_2、甲醛、苯、总挥发性有机物）等内容的监测。

T3-1-2_2 能耗监测

对分项能耗数据如电量、水量、冷热量、燃气量等采集、储存，作为能耗统计的基础数据。

T3-1-2_3 联动控制

根据室内外环境参数制定节能措施、控制机电设备运行。对建筑物各功能空间实际需要进行系统优化调控及系统配置适时整改，使各建筑设备系统高能效运行且对建筑物业管理合理科学。在保证建筑物热环境、室内空气品质满足室内CO_2浓度、甲醛、总挥发性有机物TVOC等污染物浓度参数度低于现行国家标准《室内空气质量标准》GB/T18883规定限值的20%前提下，控制机电系统的各执行机构和设备启停，使机电系统各设备尽可能在最高能效（效率）工况下运行，追求最大限度的节能效果。

T3-1-2_4 能效分析

分析各子系统占总能耗的比例，分析各能耗系统中不同设备的用能比例，分析不同季节、时间段的用能比率。对系统能量负荷平衡更优化核算及运行趋势预测，从而建立科学有效的节能运行模式与优化策略方案。

T3-1-2_5 设备能效比分析

通过对建筑总体能耗、系统能耗、设备能耗分时间尺度的建筑能耗的实时数据统计与历史数据对比，全面、深入进行能耗数据统计结果，理解建筑用能分配，跟踪重点设备的用能趋势。

T3-1-2_6 能耗横向比较

　　将建筑的各种能耗指标进行横向比较，通过建筑、系统、设备之间的能耗对比分析，理解建筑不同系统的性能，发现整个建筑的节能潜力，指出节能改造的方向。

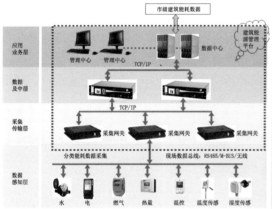

系统组成与呈现

[目的]

通过对建筑物内外的各项指标的模拟结果与实地测试进行对比，更好地指导设计，提供数据支撑；软件模拟以及实地测试的内容包括建筑周边声环境、风环境、热环境以及建筑室内采光、楼板撞击声隔声性能、外遮阳技术以及室内自然通风等。

[设计控制]

在设计阶段，应结合软件模拟结果，通过多方案对比，选择最佳建筑方案，例如：建筑布局中，应结合夏季主导风向，设置首层局部架空等通透空间，形成穿堂风，促进室内外自然通风，同时，尽量避免冬季主导风向；建筑立面结合建筑造型需要合理设置外遮阳，提高外窗和透明幕墙的遮阳性能，减少进入室内的太阳辐射得热；优化室内空间，合理设置进深，权衡外窗和透明幕墙的遮阳、通风和采光设计，利用自然通风减少空调开启时间，利用自然采光降低照明能耗。

[设计要点]

T3-2-1_1 室外风环境模拟分析与实地测试

通过采用Phoenics或建筑通风Vent软件对建筑周边风环境进行模拟分析；通过温度、湿度和风速等多功能测试仪器在冬季、夏季和过渡季对建筑物周边室外风环境进行实地测试等。

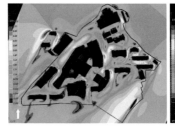

室外风环境模拟示例

T3-2-1_2 室内风环境模拟分析与实地测试

通过采用Phoenics或Fluent软件对建筑主要功能房间室内风环境进行模拟分析；通过温度、湿度和风速等多功能测试仪器在过渡季节对主要功能房间室内风环境进行实地测试等。

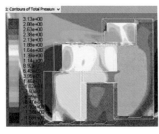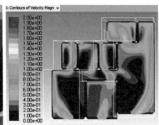

室内风环境模拟示例

T3-2-1_3 建筑周边声环境模拟分析与实地测试

通过采用CadnaA等软件对建筑周边环境进行声环境模拟分析；通过多功能声级计测试仪器在一到两天昼间及夜间对建筑周边声环境进行实地测试等。

T3-2-1_4 建筑周边热环境模拟分析与实地测试

通过采用建筑热舒适ITE等软件对建筑周边场地热环境模拟分析；通过红外热像仪等测试仪器在夏季对建筑周边热环境进行实地测试等。

实测仪器

红外热像仪测试数据

T3-2-1_5 建筑楼板隔声性能模拟分析与实地测试

通过查阅图集、规范等得到建筑主要功能房间隔声楼板的撞击声隔声量；通过建筑声学测试系统、激光测距仪等测试仪器对建筑主要功能房间的隔声楼板进行实地测试等。

T3-2-1_6 建筑室内采光分析与实地测试

通过采用采光分析Dali、Ecotect等软件对建筑主要功能房间室内采光进行分析；通过照度计、亮度计等采光测试仪器对建筑主要功能房间室内采光进行实地测试等。

Technology

[目的]

建筑环境满意度调查主要根据人们对室内环境舒适感受的主观判断，了解人们对室内环境的满意度，从使用者主观视角出发评价建筑室内环境质量如光、声、热环境和室内空气品质等，进而根据使用者的主观评价提出设计优化和改进措施。

[设计控制]

建筑环境满意度调查主要通过调查问卷形式进行，根据建筑使用功能和受访人群合理设计建筑环境满意度调查问卷，包括调查问卷的观测变量、问卷措辞、问卷意图、问卷时长等，确保调查问卷的有效性和可靠性。

[设计要点]

T3-2-2_1 声环境满意度

声环境的客观评价指标主要包括建筑周边环境噪声，建筑围护结构隔声情况尤其立面薄弱部位如门窗的隔声性能和密闭性，楼板的撞击声隔声性能，设备末端噪声对室内背景噪声的干扰，室内隔墙考虑粉红噪声的隔声性能，综合室内背景噪声。对受访人群访问了解室外噪声大小、室内噪声大小、其他噪声源影响如设备噪声、他人说话噪声、他人行走噪声等。

T3-2-2_2 热环境满意度

人的热感觉主要与全身热平衡有关，这种平衡不仅受空气温度、平均辐射温度、风速和空气湿度等环境参数影响，还受人体活动和着装的影响，整体的热感觉可以通过预计平均热感觉指数PMV进行预测。此外，热不适也是热感觉的一个重要指标，主要是由于身体不需要的局部冷却或加热产生，常见的局部热不适包括非对称辐射温度（冷或热表面）、吹风感（由空气流动而引起的身体局部冷却）、垂直空气温差、冷或热地板等。预计不满意百分率PPD可表达热不适或热不满意的信息。对受访人群访问了解其个人年龄、健康状况、衣着情况、活动量、室内吹风感受、室内空气温度感受和湿度感受等。

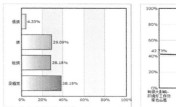
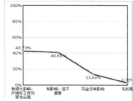

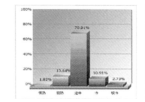
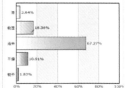

声环境调查示例

热环境调查示例

Technology

T3-2-2_3 光环境满意度

　　光环境的客观评价指标主要为采光系数、眩光值、采光均匀度。对受访人群访问了解室内自然光明暗感受、均匀度感受、视线舒适感受、是否需要人工照明辅助等。

T3-2-2_4 室内空气质量满意度

　　室内空气质量通常指用气味、颗粒物污染、化学污染、生物污染等描述的室内空气状态。客观评价指标主要包括PM10、PM2.5、CO、CO_2、TVOC、甲醛、苯、氨等，包含可挥发性有机物、无机气体、放射性污染物、病原微生物污染物、悬浮颗粒物等。主观评价主要通过对受访人群访问了解嗅觉感受、是否有异味、空气感受是否新鲜、长期停留在室内是否有身体不适感等。

第 6 题 您觉得室内有无吹风感？[单选题]　　第 7 题 您觉得室内有无闷的感觉？[单选题]

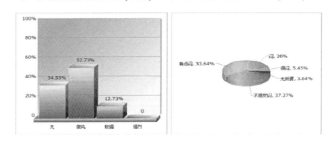

选项	小计	比例
强烈	5	4.55%
明显	14	12.73%
有点	57	51.82%
无感觉	30	27.27%
没注意	4	3.64%
本题有效填写人次	110	

室内空气质量调查示例

Technology

▌参考文献

标准规范

[1] 中华人民共和国住房和城乡建设部. 绿色建筑评价标准：GB/T 50378—2019[S]. 北京：中国建筑工业出版社，2019.

[2] 广州市住房和城乡建设局. 广东省绿色建筑评价标准：DBJ/T 15–83—2017[S]. 广东，2017.

[3] 中华人民共和国住房和城乡建设部. 民用建筑热工设计规范：GB50176—2016[S]. 北京：中国建筑工业出版社，2016.

[4] 中华人民共和国住房和城乡建设部. 民用建筑绿色设计规范：JGJ/T 229—2010[S]. 北京：中国建筑工业出版社，2010.

[5] 中华人民共和国住房和城乡建设部. 建筑采光设计标准：GB 50033—2013[S]. 北京：中国建筑工业出版社，2013.

[6] 中华人民共和国住房和城乡建设部. 全国民用建筑工程设计技术措施（2009版）[S]. 北京，2009.

[7] 广州市国土资源和规划委员会. 广州市规划管理容积率指标计算方法：GZ 0320180221[S]. 广州，2018.

[8] 中华人民共和国住房和城乡建设部. 民用建筑设计统一标准：GB 50352—50352[S]. 北京：中国建筑工业出版社，2019.

[9] 中华人民共和国住房和城乡建设部. 防洪标准：GB 50201—2014[S]. 北京：中国计划出版社，2014.

[10] 中华人民共和国住房和城乡建设部. 城市防洪工程设计规范：GB/T 50805—2012[S]. 北京：中国计划出版社，2012.

[11] 中华人民共和国住房和城乡建设部. 城市抗震防灾规划标准：GB 50413—2007[S]. 北京：中国建筑工业出版社，2007.

[12] 中华人民共和国环境保护部. 电磁环境控制限值：GB 8702—2014[S]. 北京：中国环境科学出版社，2014.

[13] 中华人民共和国住房和城乡建设部. 城市用地分类与规划建设用地标准：GB 50137—2011[S]. 北京：中国建筑工业出版社，2011.

[14] 中华人民共和国住房和城乡建设部. 绿色生态城区评价标准：GB/T 51255—2017[S]. 北京：中国建筑工业出版社，2017.

[15] 中华人民共和国住房和城乡建设部. 城市园林绿化评价标准：GB/T 50563—2010[S]. 北京：中国建筑工业出版社，2010.

[16] 中华人民共和国住房和城乡建设部. 建筑工程建筑面积计算规范：GB/T 50353—2013[S]. 北京：中国计划出版社，2013.

[17] 中华人民共和国住房和城乡建设部. 建筑设计防火规范：GB 50016—2014[S]. 北京：中国计划出版社，2014.

[18] 中华人民共和国住房和城乡建设部. 无障碍设计规范：GB 50763—2012[S]. 北京：中国建筑工业出版社，2012.

[19] 中华人民共和国住房和城乡建设部. 城市居住区热环境设计标准：JGJ 286—2013[S]. 北京：中国建筑工业出版社，2013.

[20] 中华人民共和国住房和城乡建设部. 民用建筑能耗标准：GB/T 51161—2016[S]. 北京：中国建筑工业出版社，2016.

[21] 深圳市住建局和建设局. 深圳经济特区技术规范——公共建筑节能设计规范：SJG 44[S]. 深圳，2018.

[22] 中国建筑节能协会. 夏热冬暖地区净零能耗公共建筑技术导则：T/CABEE-2019[S]. 北京，2019.

[23] 中华人民共和国住房和城乡建设部. 钢结构设计标准：GB 50017—2017[S]. 北京：中国建筑工业出版社，2017.

[24] 中华人民共和国国家质量监督检验检疫总局. 耐候结构钢：GB/T 4171—2008.[S]. 北京：中国标准出版社，2008.

[25] 中华人民共和国建设部. 建筑用钢结构防腐涂料：JG/T 224—2007[S]. 北京：中国建筑工业出版社，2007.

[26] 中华人民共和国住房和城乡建设部. 木结构设计标准：GB 50005—2017[S]. 北京：中国建筑工业出版社，2017.

[27] 中华人民共和国住房和城乡建设部. 建筑结构可靠性设计统一标准：GB 50068—2018[S]. 北京：中国建筑工业出版社，2017.

[28] 中华人民共和国住房和城乡建设部. 建筑结构荷载规范：GB 50009—2012[S]. 北京：中国建筑工业出版社，2012.

[29] 中华人民共和国住房和城乡建设部. 混凝土结构设计规范：GB 50010—2010[S]. 北京：中国建筑工业出版社，2010.

[30] 中华人民共和国住房和城乡建设部. 砌体结构设计规范：GB 50003—2011[S]. 北京：中国建筑工业出版社，2011.

[31] 中华人民共和国住房和城乡建设部. 普通混凝土长期性能和耐久性能试验方法标准：GB/T 50082—2009[S]. 北京：中国建筑工业出版社，2009.

[32] 中华人民共和国住房和城乡建设部. 混凝土耐久性检验评定标准：JGJ/T 193—2009[S]. 北京：中国建筑工业出版社，2009.

[33] 中华人民共和国住房和城乡建设部. 高层建筑混凝土结构技术规程：JGJ 3—2010[S]. 北京：中国建筑工业出版社，2009.

[34] 中华人民共和国住房和城乡建设部. 通信管道与通道工程设计规范：GB 50373—2019[S]. 北京：中国计划出版社，2019.

[35] 中华人民共和国住房和城乡建设部. 城市工程管线综合规划规范：GB 50289—2016[S]. 北京：中国建筑工业出版社，2016.

[36] 中华人民共和国住房和城乡建设部. 建筑抗震设计规范：GB 50981—2014[S]. 北京：中国建筑工业出版社，2014.

[37] 中华人民共和国住房和城乡建设部. 民用建筑太阳能光伏系统应用技术规范：JGJ 203—2010[S]. 北京：中国建筑工业出版社，2010.

[38] 中华人民共和国住房和城乡建设部. 民用建筑供暖通风与空气调节设计规范：GB 50736—2012[S]. 北京：中国建筑工业出版社，2012.

[39] 中华人民共和国住房和城乡建设部. 公共建筑节能设计标准：GB 50189—2015[S]. 北京：中国建筑工业出版社，2015.

[40] 中华人民共和国住房和城乡建设部. 民用建筑热工设计规范：GB 50176—2016[S]. 北京：中国建筑工业出版社，

2016.

[41] 中华人民共和国住房和城乡建设部. 建筑外门窗气密，水密，抗风压性能分级及检测方法：GB/T 7106—2019[S]. 北京：中国建筑工业出版社，2019.

[42] 中华人民共和国住房和城乡建设部. 建筑幕墙：GB/T 21086—2007[S]. 北京：中国建筑工业出版社出版，2007.

[43] 中华人民共和国住房和城乡建设部. 民用建筑节水设计标准：GB 50555—2010[S]. 北京：中国建筑工业出版社，2010.

[44] 中华人民共和国住房和城乡建设部. 节水型生活用水器具：CJ 164—2014[S]. 北京：中国建筑工业出版社，2014.

[45] 中华人民共和国国家质量监督检验检疫总局. 节水型产品技术条件与管理通则：GB 1887—2011[S]. 北京：中国计划出版社，2011.

[46] 中华人民共和国住房和城乡建设部. 建筑采光设计标准：GB 50033—2013[S]. 北京：中国建筑工业出版社，2013.

[47] 中华人民共和国住房和城乡建设部. 建筑照明设计标准：GB 50034—2013[S]. 北京：中国建筑工业出版社，2013.

[48] 中华人民共和国住房和城乡建设部. 绿色建筑评价标准：GB/T 5037—2019[S]. 北京：中国建筑工业出版社，2019.

[49] 中华人民共和国住房和城乡建设部. 民用建筑设计统一标准：GB 50352—2019[S]. 北京：中国建筑工业出版社，2019.

[50] 中华人民共和国住房和城乡建设部. 夏热冬暖地区居住建筑节能设计标准：JGJ 75—2012[S]. 北京：中国建筑工业出版社，2012.

[51] 中华人民共和国住房和城乡建设部. 通风与空调工程施工质量验收规范：GB50243—2016[S]. 北京：中国计划出版社，2016.

[52] 中华人民共和国住房和城乡建设部. 风扇压力法：GB/T 34010—2017[S]. 北京：中国建筑工业出版社，2017.

[53] 中华人民共和国住房和城乡建设部. 公共建筑节能检测标准：JGJ/T 177—2009[S]. 北京：中国建筑工业出版社，2009.

普通图书

[1] T.A.马克斯，E.N.莫里斯. 建筑物·气候·能量[M]. 陈士驎，译. 北京：中国建筑工业出版社，1990：103-104.

[2] 中国气象局气象信息中心气象资料室. 中国建筑热环境分析专用气象数据集[M]. 北京：中国建筑工业出版社，2005.

析出文献

[1] 万科–土楼计划，中国[J]. 世界建筑，2007（08）：64-73.

[2] 陈杰. 广州市气象监测预警中心[J]. 建筑学报，2015（04）：50-55.

[3] 严迅奇，谭伟霖，陈超明，等. 广东省博物馆[J]. 设计家，2011（02）：P.50-55.

[4] 吴向阳. 深圳既有工业建筑改造为创意园的探讨——两个案例的分析和比较[J]. 建筑学报，2010（S1）：47-50.

[5] 陈蕴，艾侠，杨铭杰. 绿色总部——万科中心设计解读[J]. 建筑学报，2010（01）：6-13.

[6] 孟岩. 山外山，园中园深圳美伦公寓及酒店[J]. 时代建筑，2012（02）：90-97.

[7] 大芬美术馆，深圳，中国[J]. 世界建筑，2007（08）：38-47.

[8] 恩斯特·基塞布莱切特及合伙人有限公司，齐轶昳译. 基弗技术展厅，施蒂利亚，奥地利[J]. 世界建筑，2019（4）：28-31.

[9] 刘小芳，李宝鑫，芦岩，等. 既有围合场地中建筑布局对室外风环境的影响分析[J]. 建筑节能，2013（6）：62-67，73.

[10] 夏伟. 被动式设计策略的适用性研究[J]. 建筑学报，2009（s1）：9-11.

[11] 向科，胡显军，胡炜，丁洁. 适应夏热冬暖气候的绿色公共建筑设计模式及其技术路线研究[J]. 建筑技艺，2019（01）：14-18.

[12] 赵彬，林波荣，李先庭. 建筑群风环境的数值模拟仿真优化设计[J]. 城市规划汇刊，2002（02）：57-58，61，80，86.

[13] 向科. 基于气候与功能双重适应的岭南建筑空间模式研究[J]. 南方建筑，2015（1）：89-96.

[14] 高云飞，孟庆林. 一种生态建筑技术——自然通风[J]. 生态科学，2003，22（1）：86-89.

[15] 向科. 低能耗目标下基于空间表征参数的岭南建筑空间优化设计方法研究. 2019国际绿色建筑与建筑节能大会论文集[C]. 北京：中国城市出版社，2019：207-212.

其他

[1] 广州市住房和城乡建设局. 广州市绿色建筑设计与审查指南（2019版）[EB/OL]. http://zfcj.gz.gov.cn/zjyw/kjsj/jzj-nylsjz/content/post_6882462.html.

[2] 广州市住房和城乡建设局. 广州市健康建筑设计导则（2019版）[EB/OL]. http://zfcj.gz.gov.cn/gkmlpt/content/6/6882/post_6882606.html#1090.

[3] 广州市住房和城乡建设局. 岭南特色超低能耗建筑技术指南（2020版）[EB/OL]. http://zfcj.gz.gov.cn/gkmlpt/content/6/6882/post_6882557.html#1090.

[4] 广东省人民政府. 珠江三角洲环境保护规划纲要（2004—2020年）[EB/OL]. http://www.gd.gov.cn/gkmlpt/content/0/136/post_136279.html#7.

[5] 广东省人民政府办公厅. 珠江三角洲环境保护一体化规划（2009—2020年）[EB/OL]. http://www.gd.gov.cn/gkmlpt/content/0/139/post_139150.html?jump=false#7.

[6] 深圳市住房和建设局. 深圳市绿色建筑设计方案审查要点[EB/OL]. http://sso.sz.gov.cn/pub/zjj/csml/bgs/xxgk/

tzgg_1/201409/t20140901_2553866.htm.

[7] 广州市林业和园林局. 广州市城市绿化管理条例[EB/OL]. http://www.gzns.gov.cn/rd/flfg/gzsdfxfg/202004/t20200416_398916.html.

[8] 广州市人民政府. 广州市城市规划管理技术规定[EB/OL]. http://www.gz.gov.cn/zwgk/fggw/zfgz/content/mpost_4756949.html.

[9] 广州市住房和城乡建设局. 岭南特色超低能耗建筑技术指南[EB/OL]. http://zfcj.gz.gov.cn/gkmlpt/content/6/6882/post_6882557.html#1090.

[10] 广州市住房和城乡建设局. 广州市绿色建筑设计与审查指南[EB/OL]. http://zfcj.gz.gov.cn/gkmlpt/content/6/6882/post_6882461.html#1090.

[11] 深圳市住房和建设局. 深圳市绿色建筑施工图审查要点[EB/OL]. http://zjj.sz.gov.cn/ztfw/jzjn/jzjn2/content/post_7386573.html.

[12] 广州市住房和城乡建设局. 广州市健康建筑设计导则[EB/OL]. http://zfcj.gz.gov.cn/gkmlpt/content/6/6882/post_6882606.html#1090.